上岗轻松学

数码维修工程师鉴定指导中心 组织编写

图解 小家电维修
快速入门

主　编　韩雪涛
副主编　吴　瑛　韩广兴

（视频版）

扫描书中的"二维码"
开启全新微视频学习模式

U0279860

机械工业出版社

本书完全遵循国家职业技能标准和小家电维修领域的实际岗位需求，在内容编排上充分考虑小家电维修的特点，按照学习习惯和难易程度划分为12章，即：小家电维修基础、电吹风机的检修、饮水机的检修、榨汁机的检修、电热水壶的检修、电风扇的检修、吸尘器的检修、电饭煲的检修、加湿器的检修、豆浆机的检修、电话机的检修和空气净化器的检修。

学习者可以看着学、看着做、跟着练，通过"图文互动"的模式，轻松、快速地掌握小家电维修技能。

书中大量的演示图解、操作案例以及实用数据可以供学习者在日后的工作中方便、快捷地查询使用。

本书还采用了微视频讲解的全新教学模式，在重要知识点的相关图文旁边添加了二维码。读者只要用手机扫描书中相关知识点的二维码，即可在手机上实时浏览对应的教学视频，视频内容与图书涉及的知识完全匹配，晦涩难懂的图文知识通过相关专家的语言讲解，帮助读者轻松领会，同时还可以极大缓解阅读疲劳。

本书是学习小家电维修的必备用书，还可供电子行业从事生产、调试、维修的技术人员和业余爱好者阅读。

图书在版编目（CIP）数据

图解小家电维修快速入门：视频版/韩雪涛主编；数码维修工程师鉴定指导中心组织编写. — 北京：机械工业出版社，2018.5（2024.8重印）
（上岗轻松学）
ISBN 978-7-111-60144-9

Ⅰ. ①图… Ⅱ. ①韩… ②数… Ⅲ. ①日用电气器具—维修—图解 Ⅳ. ①TM925.07-64

中国版本图书馆CIP数据核字（2018）第122253号

机械工业出版社（北京市百万庄大街22号　邮政编码100037）
策划编辑：陈玉芝　王博　责任编辑：王博
责任校对：王明欣　　　　责任印制：单爱军
北京虎彩文化传播有限公司印刷
2024年8月 第1版第3次印刷
184mm×260mm・10.25印张・231千字
标准书号：ISBN 978-7-111-60144-9
定价：49.80元

编 委 会

主　编　韩雪涛

副主编　吴　瑛　韩广兴

参　编　韩雪冬　唐秀鸯　吴　玮　周文静

　　　　高瑞征　张湘萍　张丽梅　朱　勇

　　　　吴鹏飞　吴惠英　王新霞　马梦霞

　　　　宋明芳　张义伟

前　言

　　小家电维修技能是家电维修领域必不可少的一项专项、基础、实用技能，其岗位需求非常广泛。随着技术的飞速发展以及市场竞争的日益加剧，越来越多的人认识到掌握实用技能的重要性，因此针对小家电维修的学习和培训也逐渐从知识层面延伸到技能层面。同时，学习者更加注重小家电维修技能能够用在哪儿，可以做什么。然而，目前市场上很多相关图书仍延续传统的编写模式，不仅严重影响读者学习的时效性，而且在实用性上也大打折扣。

　　针对这种情况，为使读者快速掌握小家电维修技能，及时应对岗位的发展需求，我们对小家电维修内容进行了梳理和整合，结合岗位培训特色，根据国家职业技能标准组织编写架构，引入多媒体出版特色，力求打造出具有全新学习理念的小家电维修入门图书。

在编写理念方面

　　本书将国家职业技能标准与行业培训特色相融合，以市场需求为导向，以直接指导就业作为编写目标，注重实用性和知识性的融合，将学习技能作为全书的核心思想。书中的知识内容完全为技能服务，以实用、够用为主。全书突出操作，强化训练，让学习者阅读时不是在单纯地学习内容，而是在练习技能。

在内容结构方面

　　本书在结构编排上充分考虑当前市场需求和读者情况，结合实际岗位培训经验对小家电维修技能进行全新的章节设置；内容的选取以实用为原则，案例的选择严格按照上岗从业需求展开，确保内容符合实际工作的需要；知识性内容在注重系统性的同时以够用为原则，明确知识为技能服务，确保图书的内容符合市场需要，具备很强的实用性。

在编写形式方面

　　本书突破传统图书的编排和表述方式，引入了多媒体表现手法，采用双色图解的方式向学习者演示小家电维修技能，将传统意义上的以"读"为主变成以"看"为主，力求用生动的图例演示取代枯燥的文字叙述，使学习者通过二维平面图、三维结构图、演示操作图、实物效果图等多种图解方式直观地获取实用技能中的关键环节和知识要点。

　　其次，本书还开创了数字媒体与传统纸质载体交互的全新教学方式。学习者可以通过手机扫描书中的二维码，实时浏览对应知识点的数字媒体资源。数字媒体资源与图书的图文资源相互衔接，相互补充，可充分调动学习者的主观能动性，确保学习者在短时间内获得最佳学习效果。

在专业能力方面

本书编委会由行业专家、高级技师、资深多媒体工程师和一线教师组成，编委会成员除具备丰富的专业知识外，还具备丰富的教学实践经验和图书编写经验。

为确保图书的行业导向和专业品质，特聘请原信息产业部职业技能鉴定指导中心资深专家韩广兴亲自指导，充分以市场需求和社会就业需求为导向，确保图书内容符合职业技能鉴定标准，达到规范性培训的目的。

本书由韩雪涛任主编，吴瑛、韩广兴任副主编，韩雪冬、唐秀鸯、吴玮、周文静、高瑞征、张湘萍、张丽梅、朱勇、吴鹏飞、吴惠英、王新霞、马梦霞、宋明芳和张义伟参加编写。

读者通过学习与实践还可参加相关的国家职业资格或工程师资格认证考试，获得相应等级的国家职业资格证书或数码维修工程师资格证书。如果读者在学习和考核认证方面有什么问题，可通过以下方式与我们联系。

数码维修工程师鉴定指导中心
网址：http://www.chinadse.org
联系电话：022-83718162/83715667/13114807267
E-MAIL：chinadse@163.com
地址：天津市南开区榕苑路4号天发科技园8-1-401 邮编：300384

希望本书的出版能够帮助读者快速掌握小家电维修技能，同时欢迎广大读者给我们提出宝贵建议！如书中存在问题，可发邮件至cyztian@126.com与编辑联系！

编　者

目 录

第1章

小家电维修基础

1.1 小家电中的常用电气部件

小家电中用于控制的常用电气部件有开关部件、变压器以及电动机等，在对这些部件进行检修前，应先对它们的功能及工作特点有一定的认识。

▶ 1.1.1 小家电中的开关部件

开关部件一般是指用来控制小家电产品的工作状态或对多个电路进行切换的部件，该部件可以在开和关两种状态下相互转换，也可将多组多位开关制成一体，从而实现同步切换。开关部件在几乎所有的小家电产品中都有应用，是小家电产品中实现控制的基础部件。

【常见开关部件】

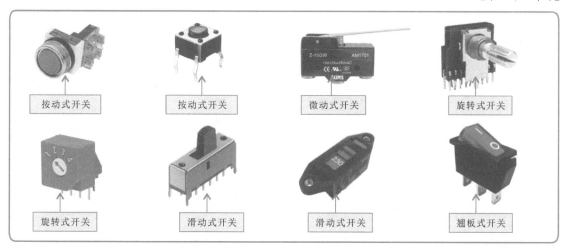

| 按动式开关 | 按动式开关 | 微动式开关 | 旋转式开关 |
| 旋转式开关 | 滑动式开关 | 滑动式开关 | 翘板式开关 |

开关部件的种类多种多样，按照其结构的不同，通常可分为按动式、微动式、旋转式、滑动式和翘板式开关等；按照用途还可分为波段、录放、电源、预选、限位、控制、转换和隔离开关等。

特别提醒

开关部件的种类较多，其电路符号的表现形式也有所不同，常见开关部件的基本符号见表所列。

名称	图形符号	名称	图形符号	名称	图形符号
常开开关		复合开关		复合开关	
常闭开关		直键开关			

开关部件具有接通和断开电路的功能，可实现对各种电子产品及电气设备的控制。

在开关部件控制的报警电路中，合上直键开关S2，则可接通电路的供电电源，此时只要轻触一下开关S1，则可触发晶闸管VT(H)，使电路接通，音频振荡信号经晶体管V放大后去驱动扬声器，则会持续发出报警声，直到将电源关断一次，电路重新处于等待状态。

【开关部件在报警电路中的应用】

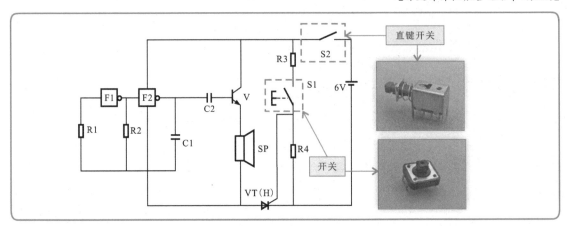

▶ 1.1.2 小家电中的变压器

变压器几乎应用于所有的电子产品中，它是利用电磁感应原理传递电能或传输信号的一种器件，其主要特点是只能传输交流电，并可同时实现电压变换、电流变换、阻抗变换和高低压电气隔离等功能。

【常见变压器】

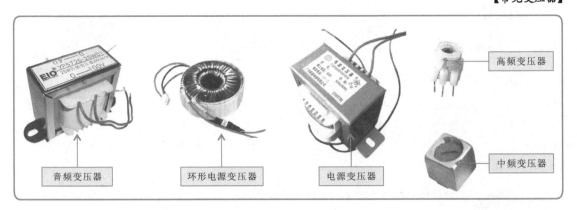

在小家电电路中，变压器的主要作用是提升或降低交流信号或电压，变换阻抗等。

目前，我国所使用的电子产品都使用交流220V电压，当电子产品插上交流电源，开始工作时，变压器可以将送入的交流220V电压转换成交流低压，然后再经整流、滤波变成直流，为电路板提供所需的工作电压。

在典型电源变压器电路中可以看到，交流220 V输入电压经变压器降压，变成交流低压。交流低压再经桥式整流堆整流，电容滤波后变成直流电压输出给负载。

【典型电源变压器在电源电路中的应用】

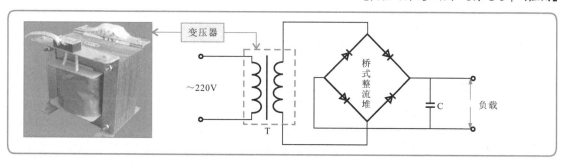

特别提醒

变压器的输出电流与输出电压成反比（$I_2/I_1=U_1/U_2$），通常降压变压器输出的电压降低，但输出的电流会增强，而升压变压器输出电压升高，输出电流会减小。

将变压器的一次绕组和二次绕组看成是两个电感器，当交流220 V电压加到输入端时，在一次绕组中就会有交流电流，从而产生出交变的磁场。

根据电磁感应原理，二次绕组会感应出交流电压，该过程就是变压器的变压过程。变压器的输出电压和绕组的匝数有关。一般输出电压与输入电压之比等于二次绕组的匝数N_2与一次绕组的匝数N_1之比，即：$U_1/U_2=N_1/N_2$。

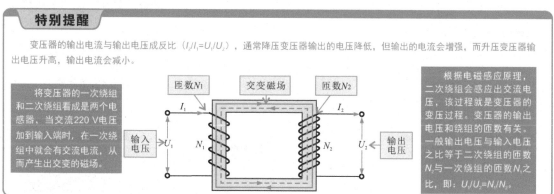

▶ **1.1.3　小家电中的电动机**　　≫

电动机是一种利用电磁感应原理将电能转换为机械能的部件，在家用电动产品中应用十分广泛。

【典型小家用产品中电动机的控制】

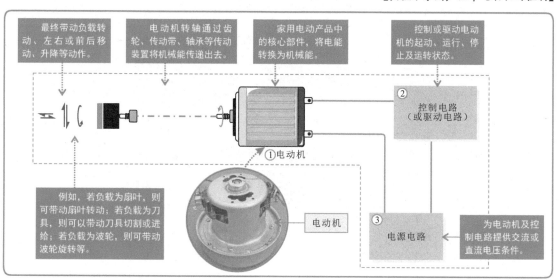

▶ 1.2.1 隔离变压器的特点

在维修小家电产品时，常常需要对电路进行带电测试，为了保障人身安全，通常使用隔离变压器，其作用就是将被测设备的电路与交流电源隔离，确保在带电检测过程中的人身和设备安全。

由于小家电产品的输入电源直接与220V/50 Hz的交流电源相连，在检修交流供电电压过程中对人身安全有一定威胁。特别是电路中的地线也会带高压，连接示波器会使示波器外壳带电。为了防止触电，可以在小家电产品和220V交流电源之间连接电压比是1：1的隔离变压器，一次与二次电路不相连，只通过交流磁场输出220V电压，这样输出电路便与交流相线隔离开了，单手触及电源地一端不会与大地形成回路，从而保证了人身安全。

【隔离变压器的特点】

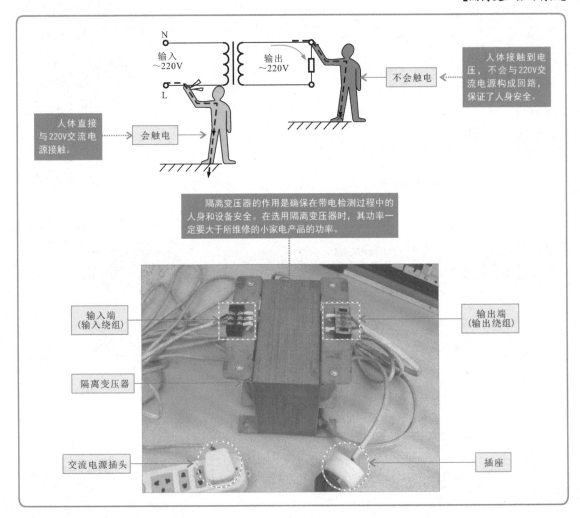

特别要注意不能用自耦变压器代替隔离变压器。

▶ 1.2.2 隔离变压器的使用

为了方便与小家电和交流电源连接，需要在隔离变压器的两个绕组端安装连接引线。在隔离变压器的输入端（即输入绕组）连接带有交流电源插头的连接引线；在输出端（即输出绕组）连接带有插座的连接引线。

连接好隔离变压器的引线后，就可以进行隔离变压器与小家电的连接操作了。

【小家电与隔离变压器的连接】

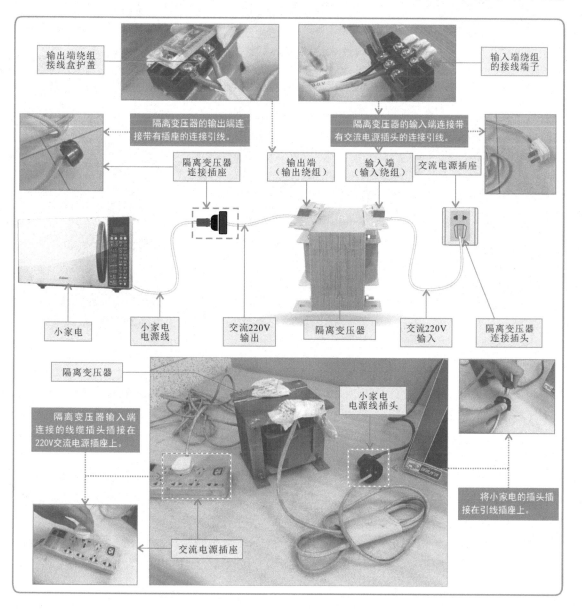

1.3 万用表的特点和使用

▶ 1.3.1 万用表的特点

万用表是小家电维修过程中最为常用的仪表之一，电路是否存在短路或断路故障，元器件性能是否良好，供电条件是否满足等，都可使用其来进行检测。学会万用表的使用是维修小家电的必要准备工作。维修中常用的万用表主要有指针万用表和数字万用表两种。

【万用表】

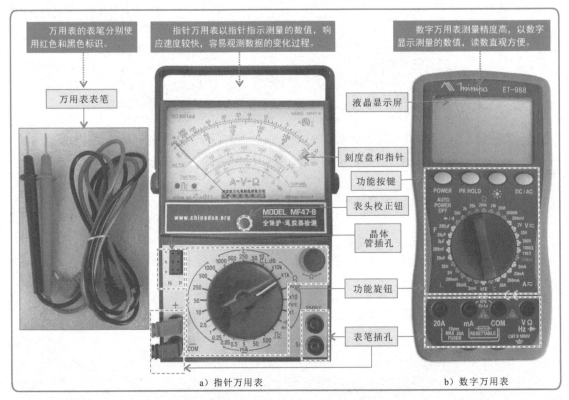

a）指针万用表　　　　　　　　　b）数字万用表

由图可知，万用表主要是由指示/显示部分（刻度盘和指针、液晶显示屏）、功能旋钮、表笔插孔以及表笔等构成的。其中指示/显示部分用于显示测量结果；功能旋钮用于选择测量项目以及测量档位；表笔插孔用于插接表笔进行测量；表笔用于连接被测器件或电路。

指针万用表的功能旋钮位于表的主体位置，在其四周标有测量功能及测量范围，主要用来实现测量不同值的电阻、电压和电流等。数字万用表的液晶显示屏下方是功能旋钮，其功能与指针万用表的功能旋钮相似。

通常在指针万用表的操作面板下面有2~4个插孔，用来与万用表表笔相连（根据万用表型号的不同，表笔插孔的数量及位置都不尽相同）。万用表的每个插孔都用文字或符号进行标识。

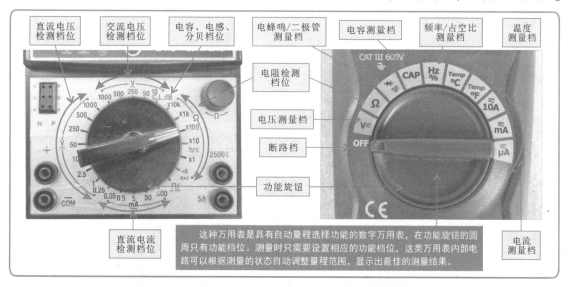

这种万用表是具有自动量程选择功能的数字万用表，在功能旋钮的圆周只有功能档位。测量时只需要设置相应的功能档位，这类万用表内部电路可以根据测量的状态自动调整量程范围，显示出最佳的测量结果。

特别提醒

指针万用表中"com"与万用表的黑表笔相连（有的万用表用"－"或"*"表示负极）；"＋"与万用表的红色表笔相连；"5A"是测量大电流的专用插孔，连接万用表红表笔，该插孔标识的文字表示所测的最大电流值为5A。"2500⅛"是测量大电压的专用插孔，连接万用表红表笔，插孔标识的文字表示所测量的最大电压值为2500V。

1.3.2 万用表的使用

当小家电产品出现故障时，通常可以借助万用表来检测各部位的电压、电流以及元器件的参数，然后通过对检测数值的比较和分析，便可以找出故障部位和确定故障元器件。

1. 万用表检测电压的方法

使用万用表对小家电电路中的电压进行检测时，首先观察电路板，找到测量点，例如先找接地端，然后将黑表笔接地，再用红表笔寻找待测点进行电压测量。

【万用表检测小家电产品中电压的方法】

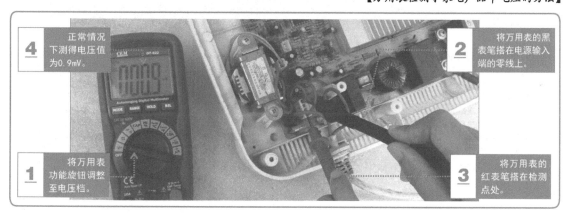

使用万用表对小家电电路中的元器件进行电阻检测时，寻找待测元器件，然后将万用表红、黑表笔分别搭接在待测元器件两端的引脚上，读数和测量单位获得测量结果。

【万用表检测小家电产品中电阻的方法】

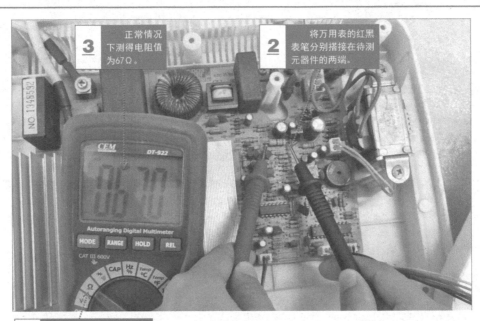

3 正常情况下测得电阻值为67Ω。

2 将万用表的红黑表笔分别搭接在待测元器件的两端。

1 将万用表功能旋钮调整至电阻档。

特别提醒

　　在使用指针式万用表检测电阻值时，为了提高测量结果的精确度，应在测量前通过零欧姆校正钮的调整使指针指向零位置。

　　调整零欧姆校正方法如右图所示。将万用表的两只表笔对接，观察万用表指针是否指向0Ω，若指针不能指向0Ω，用手旋转零欧姆校正钮，直至指针精确指向0Ω刻度线。

将万用表的红、黑表笔短接。

指针

通过旋转零欧姆校正钮，使指针式万用表的指针指向0Ω刻度线位置。

零欧姆校正钮

　　关于指针式万用表与数字式万用表的使用区别：
　　◇ 指针式万用表与数字式万用表的基本检测功能大致相同。指针式万用表在测量过程中，可以看到数值的动态变化。数字式万用表的测量结果则更为精确一些。技术人员基本上是依据个人习惯，选择使用。
　　◇ 目前，中档的数字式万用表价格已经很便宜，（<100元)，已经低于中档的指针式万用表。
　　◇ 指针式万用表与数字式万用表的测量功能，有一个重要的不同，就是数字式万用表可以定量地测量电容器的电容量，而指针式万用表只能够定性地判断电容器性能的好、坏。
　　◇ "定量地测量电容器的电容量"这种功能，对于维修电工而言是十分有用的。原因是各种电容器，（特别是电解电容器），长期（3~5年）使用后，会出现"老化"现象，导致电容量下降，影响电气装置的工作。因此，及时发现电容器的老化程度，及时更换，防患于未然，是十分重要的。一般电容器的电容量比额定电容量下降10%之后，就应该予以更换。
　　◇ 维修工作中，常见的需要检测的电容器包括：电子电路中的大容量电解电容；一般是滤波电容；交流单相电动机的起动电容器；电子装置（如电视机）中的高压电容器。

1.4 示波器的特点和使用

▶ **1.4.1 示波器的特点**

　　示波器是一种用观测信号波形的电子仪器，在维修小家电产品过程中，可以用来直接观测和测量各功能部件的电压波形、幅值和周期，它在小家电的维修过程中起着很重要的作用。

　　示波器的种类有很多，根据其结构和功能不同，通常可分为模拟示波器和数字示波器。

【示波器】

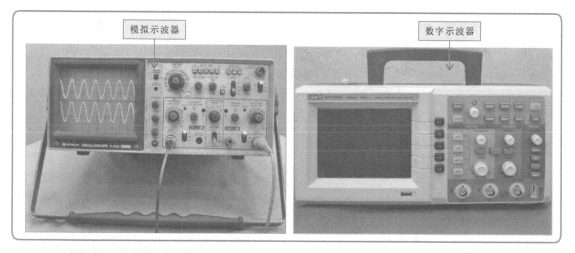

模拟示波器　　　　　　　　　　数字示波器

▶ **1.4.2 示波器的使用**

在使用示波器之前首先要连接电源线和示波器探头。

【示波器各连接线的连接方法】

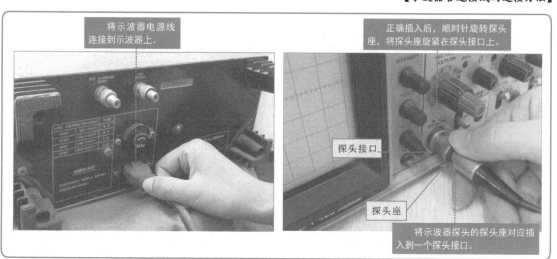

将示波器电源线连接到示波器上。

正确插入后，顺时针旋转探头座，将探头座旋紧在探头接口上。

探头接口

探头座

将示波器探头的探头座对应插入到一个探头接口。

设备连接好后，按下开机键起动示波器。为了使示波器处于最佳测试状态，接下来，则需要对示波器进行探头的校正。校正时，将示波器探头连接在自身的基准信号输出端（1000 Hz、0.5 V方波信号），正常情况下，示波器的显示窗口会显示出1000Hz的方波信号波形。

【示波器探头的校正方法】

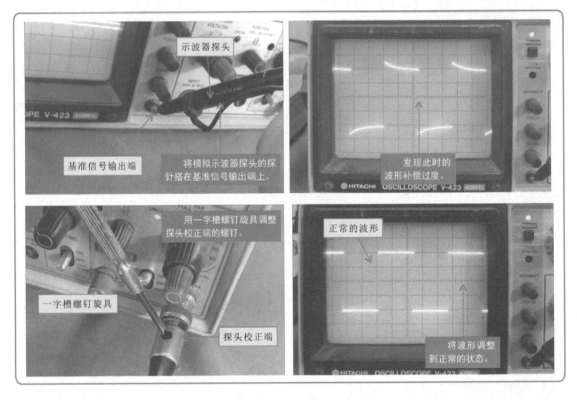

在小家电产品的维修过程中，通常使用示波器来检测各种电路的信号波形，判断各电路的性能是否正常。

【示波器在小家电检测中的应用】

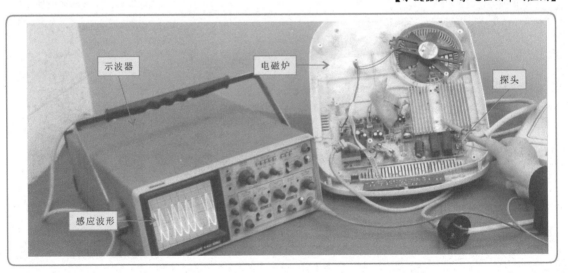

第2章
电吹风机的检修

2.1 电吹风机的结构组成

▶ 2.1.1 电吹风机的整机结构

电吹风机的外部结构比较简单，是由扁平送风嘴、后盖、风筒、折叠手柄、调节开关和电源线等部分构成的。

【典型电吹风机的外部结构】

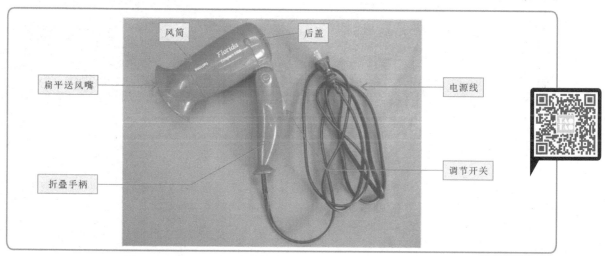

电吹风机的内部主要由风扇、电动机、加热元件、隔热筒、整流二极管、桥式整流堆和电容器等构成。

【典型电吹风机的内部结构】

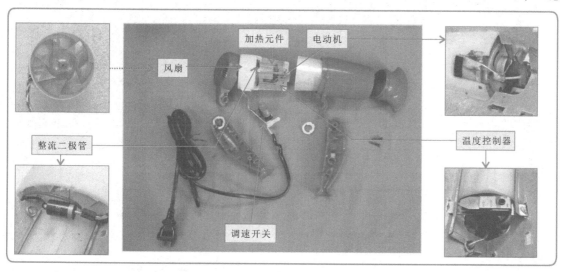

1. 电动机

电动机是电吹风机中最关键的部件。在电吹风机中多采用小型直流电动机带动风扇工作，该电动机与加热架制成一体，主轴与风扇相连。

【电吹风机中的直流电动机】

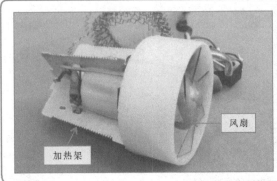

2. 温度控制器

温度控制器主要用来检测电吹风机内部的温度，当温度过高时，会立即切断供电，保证电吹风机内部元器件的安全。

电吹风机中的温度控制器多为双金属片温度控制器，主要由双金属片、触点等构成。

【电吹风机中的温度控制器】

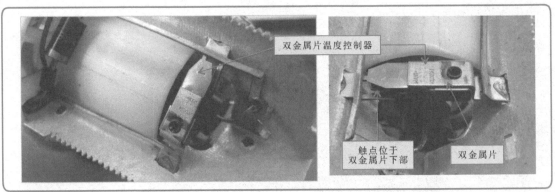

3. 调节开关

目前许多电吹风机都带有调节开关，通过调节不同的档位，便可对吹风温度进行调节。电吹风机中的调节开关开关有三个档位，0档为停机档，1档为低温低速档，2档为高温高速档。

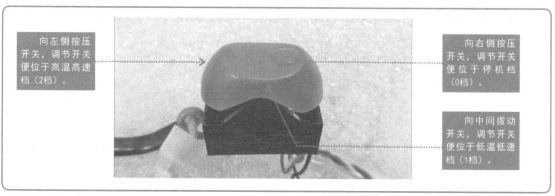

向左侧按压开关，调节开关便位于高温高速档（2档）。

向右侧按压开关，调节开关便位于停机档（0档）。

向中间拨动开关，调节开关便位于低温低速档（1档）。

 4. 整流二极管

对于可调节输出温度的电吹风机，常会使用整流二极管对供电电压进行半波整流，使供电电压降低，达到调节吹风温度的目的。

【电吹风机中的整流二极管】

整流二极管串联在供电电路中，可对供电电压进行半波整流处理。

 5. 桥式整流堆

桥式整流堆是将交流供电电压整流为直流电压的器件，其内部由四只整流二极管按照一定的连接方式连接构成。在电吹风机中采用的是直流电动机，因此大都设有桥式整流堆，用于为电动机提供直流电压。

【电吹风机中的桥式整流堆】

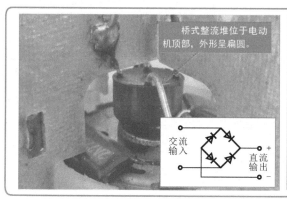

桥式整流堆位于电动机顶部，外形呈扁圆。

交流输入

直流输出

交流输入端

直流输出端负极

直流输出端正极

交流输入端

2.2 电吹风机的工作原理

2.2.1 电吹风机的整机工作原理

电吹风机在工作时，其内部电动机转动带动扇叶旋转，从而形成轴向气流将空气送入到电吹风机内部，由加热元件对空气进行加热后，再由风筒将热风送出，即可将潮湿的头发（或其他潮湿物体）进行加热烘干。

【电吹风机的加热原理】

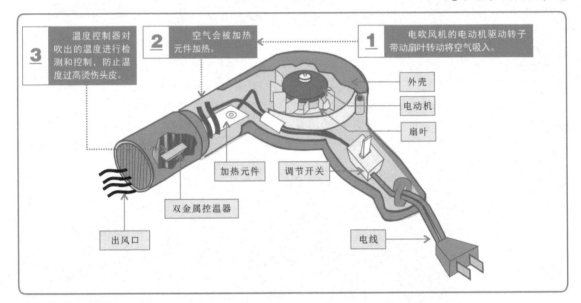

2.2.2 电吹风机的电路原理

当电吹风机处于关机状态时温度控制器ST的两个触点为导通状态；当电吹风机通电后升至高温档，电吹风机正常工作；当到达一定温度时温度控制器的两个触点分离为断路状态，电吹风机将停止加热并进入保温状态；当其温度下降到一定温度后，温度控制器的金属弹片重新成为导通状态，又可以继续加热。

【电吹风机的电路原理】

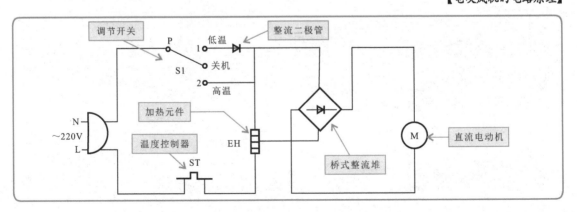

2.3 电吹风机的拆卸和检修

▶ **2.3.1 电吹风机的拆卸方法**

　　拆卸电吹风机是维修操作前的必要环节，也是确保检修顺利进行的重要步骤。在动手操作前，应观察电吹风机的外观，找准固定螺钉或卡扣的紧固位置，完成拆卸。

【电吹风机的拆卸】

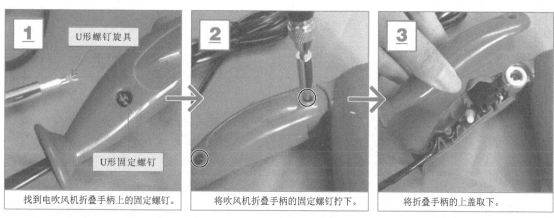

1 U形螺钉旋具　U形固定螺钉
找到电吹风机折叠手柄上的固定螺钉。

2
将吹风机折叠手柄的固定螺钉拧下。

3
将折叠手柄的上盖取下。

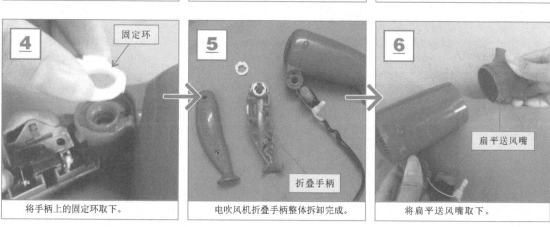

4 固定环
将手柄上的固定环取下。

5 折叠手柄
电吹风机折叠手柄整体拆卸完成。

6 扁平送风嘴
将扁平送风嘴取下。

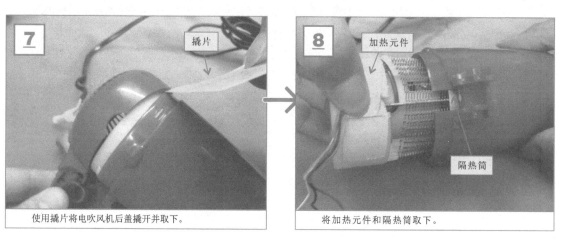

7 撬片
使用撬片将电吹风机后盖撬开并取下。

8 加热元件　隔热筒
将加热元件和隔热筒取下。

检修电动机时，可使用万用表对电动机绕组阻值进行检测，通过测量结果判断其是否损坏。将万用表调至"R×1"电阻档，红黑表笔分别搭在电动机的两个接线端上。

【电吹风机电动机的检修方法】

将红黑表笔分别搭在电动机两个接线端上。

正常情况下，可检测到很小的阻值。

正常情况下，电吹风机中电动机的阻值很小，只有几欧姆。若测量结果为无穷大，说明电动机内部绕组断路，应进行更换。

特别提醒

电吹风机中，电动机的绕组两端直接连接桥式整流堆的直流输出端，检测前，应先将电动机与桥式整流堆相连的引脚焊开，然后再进行检测。否则，所测结果应为桥式整流堆中输出端引脚与电动机绕组并联后的电阻。

▶ **2.3.3** **电吹风机调节开关的检修** ▶▶

调节开关用来控制电吹风机的工作状态，当其出现故障时可能会导致电吹风机无法使用或控制失常。检修调节开关时，一般可通过使用万用表检查其不同状态下的通断情况来判断好坏。

【电吹风机调节开关的检修方法】

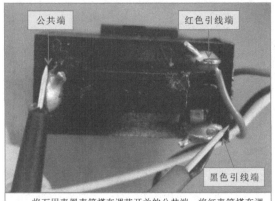

公共端　　　　　　红色引线端

黑色引线端

将万用表黑色表笔搭在调节开关的公共端，将红表笔搭在调节开关的黑色引线端。

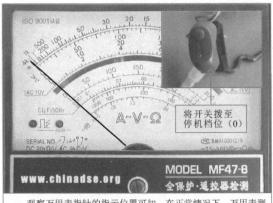

将开关拨至停机档位（0）

观察万用表指针的指示位置可知，在正常情况下，万用表测得停机状态下调节开关公共端与黑色引线端之间阻值为无穷大。

正常情况下，调节开关置于"0"档位时，其公共端（P端）与另外两个引线端的阻值应为无穷大；当调节开关置于"1"档位时，公共端与黑色引线端间的阻值应为零；当调节开关置于"2"档位时，公共端与两个引线端间的阻值都为零。若测量结果不正常，则表明调节开关损坏，应对其进行更换。

▶ 2.3.4 电吹风机温度控制器的检修

温度控制器是用来控制电吹风机内部温度的重要部件，当其出现故障时可能会导致电吹风机的电动机无法运转或电吹风机温度过高时不能进入保护状态。

对温度控制器进行检测时，一般可使用电烙铁对温度控制器的金属片进行加热，观察触点是否可以自动断开。若触点不能自动断开，说明温度控制器失灵，需要对其进行更换。

【电吹风机温度控制器的检修方法】

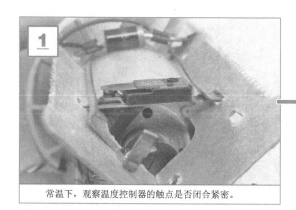

常温下，观察温度控制器的触点是否闭合紧密。

使用电烙铁加热温度控制器，观察触点是否可以自动断开。

▶ 2.3.5 电吹风机桥式整流堆的检修

检测桥式整流堆的好坏，可使用数字式万用表的二极管档进行检测。正常情况下，应能够符合正向导通、反向截止的特性。

【电吹风机桥式整流堆的检修方法】

将万用表的红黑表笔分别搭在桥式整流堆的交流输入端上。

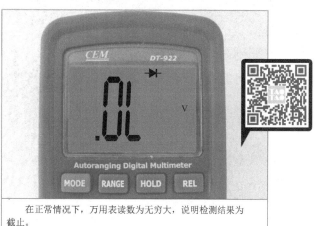

在正常情况下，万用表读数为无穷大，说明检测结果为截止。

将万用表的红表笔搭在桥式整流堆的输出端正极，黑表笔搭在负极，实测万用表输出端正向导通电压为0.982V，正常。

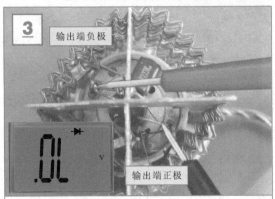

将万用表的黑表笔搭在桥式整流堆的输出端正极，红表笔搭在负极，实测输出端反向导通电压为无穷大，即截止，正常。

　　使用数字式万用表的二极管档对桥式整流堆的输入端和输出端正反向导通电压进行检测，正常情况下，桥式整流堆交流输入端全部截止；而直流输出端的正向导通电压为0.982V，反向截止。若测量结果与正常偏差较大，说明桥式整流堆已损坏，需进行更换。

特别提醒

　　使用数字式万用表对桥式整流堆或二极管进行检测时，要注意检测正、反向阻值或导通电压的方式。指针式万用表是黑表笔搭正极、红表笔搭负极为正向，而数字式万用表正好相反，是黑表笔搭负极、红表笔搭正极为正向。

▶ 2.3.6 电吹风机整流二极管的检修

　　整流二极管的检测可通过分别检测其正反向阻值来判别好坏。

将黑表笔搭在二极管的正极，红表笔搭在负极，检测其正向阻值。正常情况下，万用表检测到的阻值为4.5kΩ左右。

将黑表笔搭在二极管的负极，红表笔搭在正极，检测其反向阻值。正常情况下，万用表的读数为无穷大。

　　对整流二极管的正、反向阻值进行检测，正常情况下，其正向阻值为4.5 kΩ左右，反向阻值应为无穷大。若整流二极管阻值与正常值偏差较大，说明已损坏，需进行更换。

第3章
饮水机的检修

3.1 饮水机的结构组成

▶ 3.1.1 饮水机的外部结构

饮水机是一种可以将水进行快速加热升温或制冷降温的电器设备。从外形上看，它主要包括注水座、指示灯、水龙头、接水盒、保鲜柜、电源开关、定时器旋钮、排水口和电源线等部分。

【典型饮水机的外部结构】

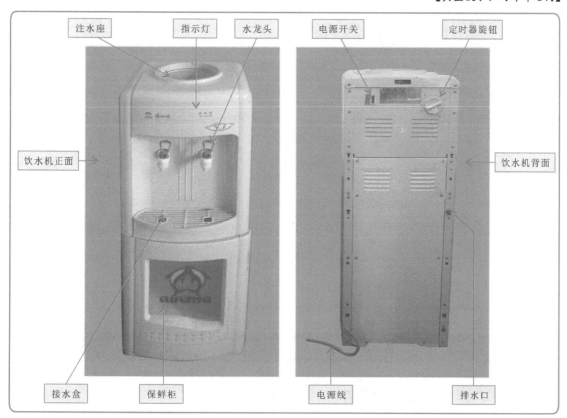

▶ 3.1.2 饮水机的内部结构

饮水机的内部主要包括盛水桶、水管、加热罐、加热器、臭氧发生器（杀菌装置）、电源开关连接线、定时器和接线盒等。

在饮水机箱体内，盛水桶内的水通过导水管路送入到加热罐中，加热罐外围设有加热器可对罐内的水进行快速加热。电源开关和定时器用于控制加热罐的工作，并由定时器控制保鲜柜中的杀菌时间。

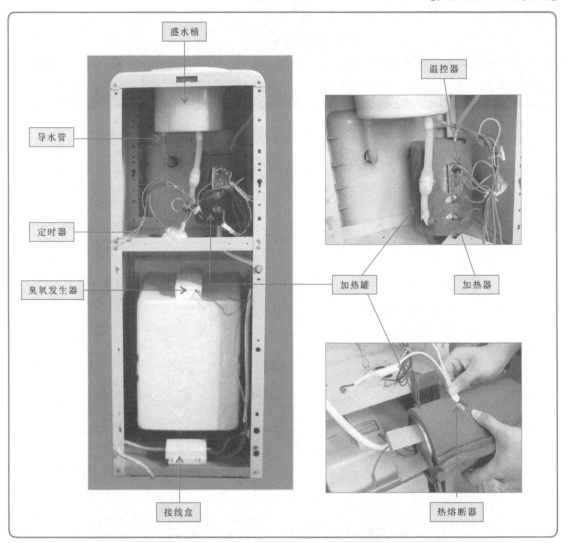

盛水桶

温控器

导水管

定时器

臭氧发生器

加热罐

加热器

接线盒

热熔断器

3.2 饮水机的工作原理

3.2.1 饮水机的整机工作原理

　　将盛水桶倒置安装在饮水机上，桶内的水经注水座引入盛水桶中。在盛水桶底部有2根导水管，分别将水送入冷水水龙头和加热罐中。

　　盛水桶中的水送入加热罐后，加热罐对水进行加热，在加热过程中红色指示灯亮，加热后黄色显示灯亮，说明热水可以饮用，加热罐与热水水龙头之间通过导水管进行连接。加热过程中产生的水蒸气通过换气管送到盛水桶内的换气口排出，防止蒸汽阻塞热水管。

　　另一根导水管将水直接送入冷水水龙头（水温等于盛水桶中水的温度）。

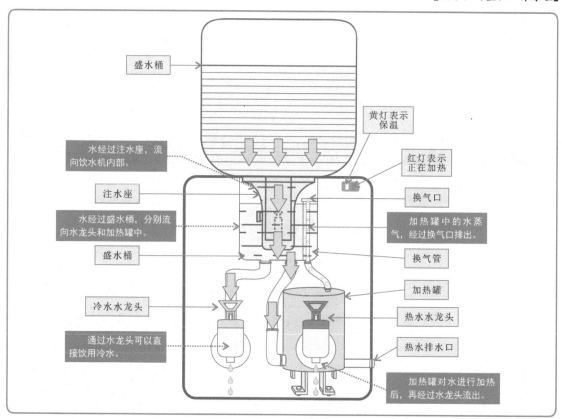

▶ 3.2.2 饮水机的电路原理

典型饮水机的电路由220V交流电源为其进行供电，由加热组件、杀菌控制电路（臭氧发生器）、温度控制组件，电源开关和门开关等部分构成。

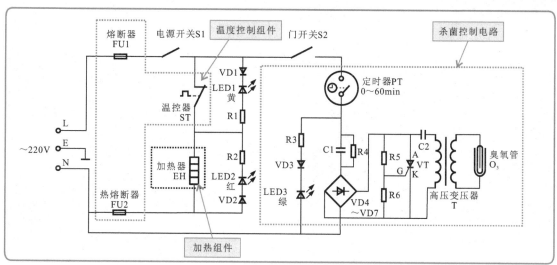

当电源开关S1接通后，220V交流电源经温控器ST为加热器供电，开始烧水，水烧开后温度上升，温控器自动断开，停止加热。

另外，在保鲜柜门关闭状态下（即S2接通），操作定时器PT，到达设定时间后，定时器PT接通，电源经门开关S2、定时器PT为臭氧管驱动电路供电，于是晶闸管、变压器绕组和电容C2形成振荡，振荡信号经升压变压器为臭氧管提供高压脉冲，臭氧管产生臭氧对茶具消毒。一段时间后，定时器自动切断臭氧发生器电源，消毒工作停止。

3.3 饮水机的拆卸和检修

3.3.1 饮水机的拆卸方法

对饮水机的拆卸是进行维修操作前的必要环节，也是确保检修顺利进行的重要步骤。

◢ 1. 饮水机背部挡板的拆卸

拆卸饮水机背部挡板时，使用螺钉旋具将固定螺钉依次卸下即可取下挡板。

【饮水机背部挡板的拆卸方法】

使用螺钉旋具，将固定螺钉逐个拧下。

拧下固定螺钉后，将下背板轻轻向上提一下，即可将背部挡板取下。

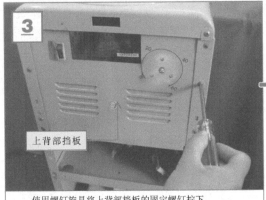

使用螺钉旋具将上背部挡板的固定螺钉拧下。

将上背部挡板向饮水机内部推，使其角度变斜。

2. 饮水机定时器的拆卸

饮水机定时器通过螺钉固定在上背部挡板处，卸下螺钉即可将定时器取下。

【饮水机定时器的拆卸方法】

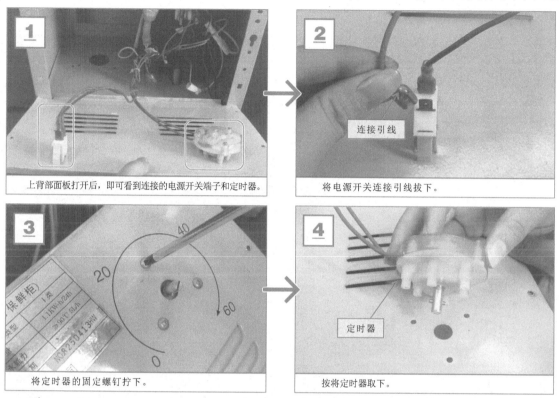

1 上背部面板打开后，即可看到连接的电源开关端子和定时器。

2 连接引线

将电源开关连接引线拔下。

3 将定时器的固定螺钉拧下。

4 定时器

按将定时器取下。

3. 饮水机加热罐的拆卸

饮水机加热罐通过螺钉固定在饮水机内，电路的连接插件连接在位于加热罐的温控器插头处。拆卸时，拔下连接插件，拧下固定螺钉即可将加热罐取出。

【饮水机加热罐的拆卸方法】

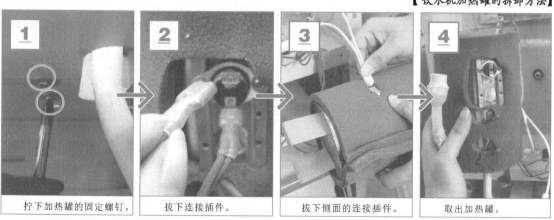

1 拧下加热罐的固定螺钉。

2 拔下连接插件。

3 拔下侧面的连接插件。

4 取出加热罐。

温控器是用来对加热罐中的温度进行控制的部件，一旦损坏容易引起饮水机加热水后无法进行保温，以及出现加热罐将水烧干的故障。可使用万用表电阻档检测其在不同温度条件下两引脚间的通断情况，来判断好坏。

【饮水机温控器的检修方法】

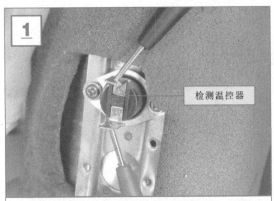

将万用表的两支表笔分别搭在温控器引脚两端，检测常温下温控器引脚间的阻值。

正常情况下，万用表的指针指向零。若指针趋于无穷大或有阻值说明损坏，若阻值为零应继续检测。

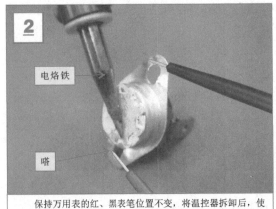

保持万用表的红、黑表笔位置不变，将温控器拆卸后，使用电烙铁对其加热。

听到"嗒"后，温控器状态发生变化，此时正常情况下，测得阻值应当为无穷大。

特别提醒

在对温控器进行检测时，可以注意到其表面涂有导热硅脂。导热硅脂主要是用来使温控器与加热器表面连接更加紧密，如果温控器表面没有导热硅脂，容易引起加热器与温控器导热功能失常，影响温控功能。

▶ **3.3.3 饮水机热熔断器的检修** ≫

热熔断器是整机的过热保护器件，若其损坏，可能会导致饮水机无法进行加热操作，而且指示灯也会不亮。

判断热熔断器的好坏可使用万用表电阻档检测其阻值。正常情况下，热熔断器的阻值为零，若实测阻值为无穷大说明其损坏。

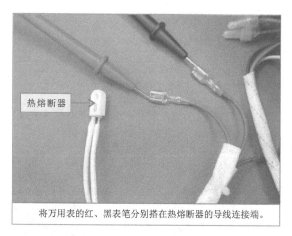

将万用表的红、黑表笔分别搭在热熔断器的导线连接端。

万用表的指针指向"0Ω"说明热熔断器正常。

▶ 3.3.4 饮水机加热器的检修

　　若饮水机中的加热器损坏，则无法实现加热功能。一般可使用万用表对加热器的阻值进行检测，正常情况下，其阻值为几十欧姆，若检测结果与正常值偏差较大，说明该部件已损坏。

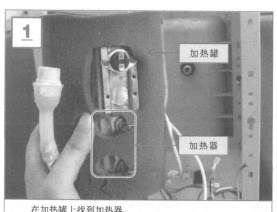

1 在加热罐上找到加热器。

加热罐
加热器

将万用表档位旋钮调至"R×10"电阻档。

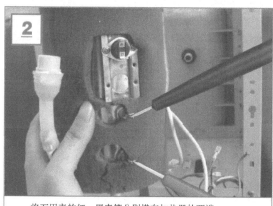

2 将万用表的红、黑表笔分别搭在加热器的两端。

正常情况下，万用表的指针指向"90Ω"左右。

饮水机控制电路板是对臭氧管进行控制的主要电路，是由晶闸管、变压器和二极管等组成。当其出现故障时应当使用万用表对各部分元器件分别进行检测，并更换故障元器件。

【饮水机控制电路板的检修方法】

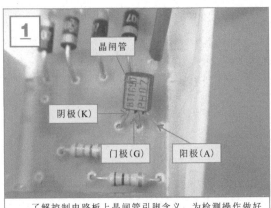

了解控制电路板上晶闸管引脚含义，为检测操作做好准备。

将万用表的档位旋钮调整至"R×1k"电阻档，准备检测晶闸管引脚间的阻值。

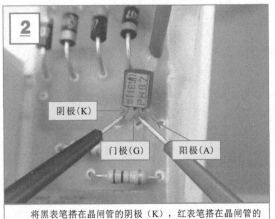

将黑表笔搭在晶闸管的阴极（K），红表笔搭在晶闸管的门极（G）。

观察指针万用表指针指示的位置可知，在正常情况下万用表的指针指向2kΩ。

特别提醒

晶闸管各引脚间的阻值见表所列。

红表笔	黑表笔	阻值
门极（G）	阴极（K）	2×1 kΩ
阴极（K）	门极（G）	2×1 kΩ
门极（G）	阳极（A）	∞
阳极（A）	门极（G）	22×1 kΩ

第4章
榨汁机的检修

4.1 榨汁机的结构组成

▶ 4.1.1 榨汁机的整机结构

从外形上看，榨汁机主要是由上盖、固定槽、搅拌槽、上盖固定片和起动开关等部分构成的。

【典型榨汁机的外部结构】

固定槽
搅拌槽
上盖固定片
起动开关
上盖
杯槽

▶ 4.1.2 榨汁机的主要组成部件

榨汁机内部主要是由切削搅拌杯、切削电动机和开关组件构成的。

【典型榨汁机的内部结构】

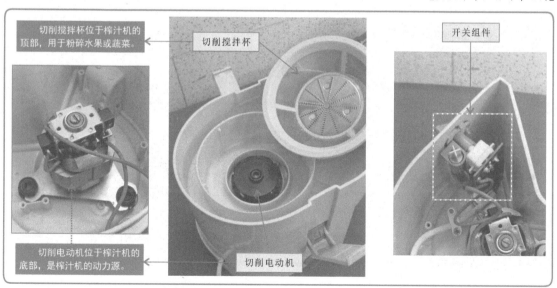

切削搅拌杯位于榨汁机的顶部，用于粉碎水果或蔬菜。
切削搅拌杯
开关组件
切削电动机位于榨汁机的底部，是榨汁机的动力源。
切削电动机

1. 切削搅拌杯

切削搅拌杯的底部分布有扇形排列的刀口，用于切削和搅拌水果、蔬菜等，切削、搅拌后的果汁从栅网中流出。

【榨汁机中的切削搅拌杯】

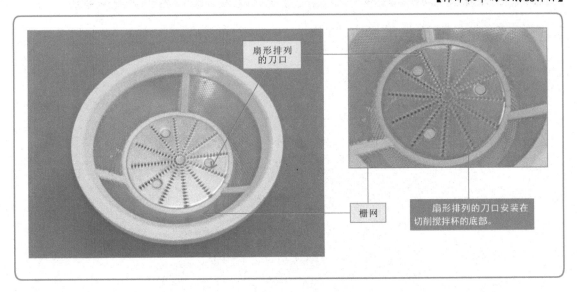

 2. 切削电动机

切削电动机是榨汁机的动力源。榨汁机接通电源起动后，切削电动机高速运转并带动切削搅拌杯高速旋转，将果品粉碎成汁。它一般安装在榨汁机底部。

【榨汁机中的切削电动机】

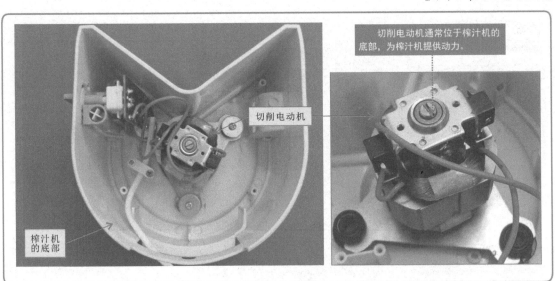

榨汁机的开关组件主要是由电源开关、起动开关和按压装置构成。旋转起动开关时，其联动结构拨动按压装置向下运动，进而控制电源开关的闭合、断开。

【榨汁机中的开关组件】

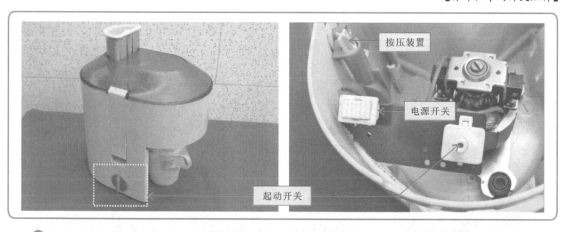

4.2 榨汁机的工作原理

▶ 4.2.1 榨汁机的整机工作原理 ▶▶

榨汁机接通电源后通过起动开关控制切削电动机的旋转并完成榨汁工作。当起动开关处于0档时，电源开关不接通，榨汁机中的组件均无动作；当旋转起动开关至1档，按压组件由起动开关控制向下动作，按压电源开关使其接通，切削电动机高速旋转，进而带动搅拌杯高速旋转。搅拌杯底部的刀口匀速切削盛物筒中的果蔬品，由杯槽中的出水口流出果汁、蔬菜汁。

【榨汁机的整机工作原理】

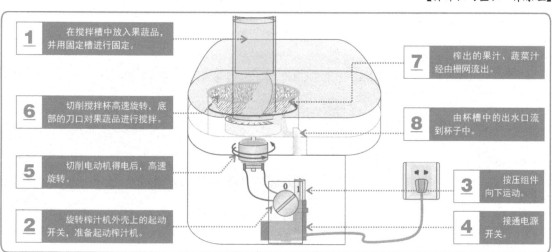

通过榨汁机的整机电路可以看到，当起动开关分别处于"0档"和"1档"位置时，电路的通断情况如图所示。

【榨汁机的电路原理】

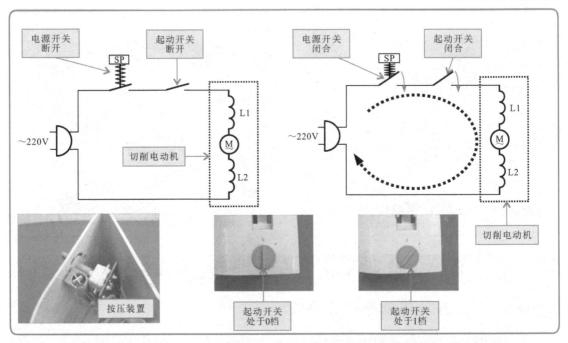

▐ **4.3** **榨汁机的拆卸和检修**

榨汁机通常是由固定片和螺钉直接固定。拆卸时，先将相关的部件取下，然后针对不同的紧固方式逐一完成拆卸操作。

【榨汁机的拆卸方法】

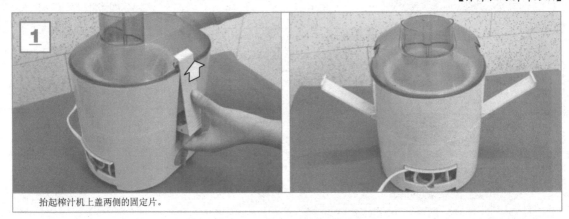

抬起榨汁机上盖两侧的固定片。

将榨汁机的上盖取下。

卸下榨汁机的切削搅拌杯。

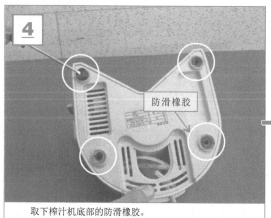

取下榨汁机底部的防滑橡胶。

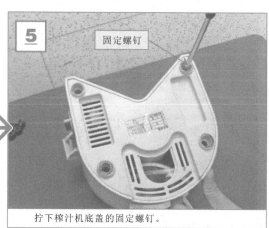

拧下榨汁机底盖的固定螺钉。

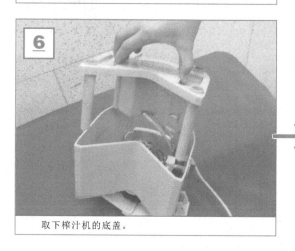

取下榨汁机的底盖。

此时便可以看到榨汁机内部的组成部件了。

▶ 4.3.2 榨汁机切削电动机的检修

当切削电动机内部出现断路、短路的情况时，会造成榨汁机不工作。此时，应检测切削电动机的绕组阻值。

使用万用表检测电动机电刷之间的阻值。检测时，拨动电动机转子，正常情况下，万用表的指针会有相应的摆动。如果万用表指针无反应，说明切削电动机已经损坏。

【榨汁机切削电动机的检修方法】

将红黑表笔分别搭在切削电动机的电刷上，检测电刷之间的阻值。检测时，拨动切削电动机的转子。

若在拨动切削电动机转子时，万用表的指针有相应的摆动，说明该电动机正常。

▶ 4.3.3 榨汁机电源开关的检修

电源开关内部的复位弹簧，经过不停地按下、弹起，很容易造成电源开关的控制失灵。若榨汁机控制失常时，应重点检查电源开关的内部连接情况。

检测时，可首先将电源开关取下，确认榨汁机起动开关设置在1档。然后，按下电源开关，检测此时电源开关的阻值。正常情况下，按下电源开关，测得的阻值应为0 Ω，若在按下电源开关时测得的阻值为无穷大，则说明电源开关本身损坏，应对其进行更换。

【榨汁机电源开关的检修方法】

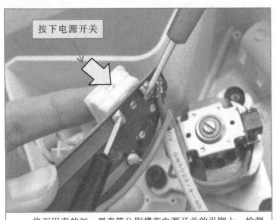

按下电源开关

将万用表的红、黑表笔分别搭在电源开关的引脚上，检测其阻值。

当按下电源开关后，其触点接通，在正常情况下，万用表读数为0 Ω。

榨汁机的起动开关是控制榨汁机转速及工作状态的关键部件，对其检测除观察安装连接状态是否良好外，还应使用万用表对不同状态下引脚间的阻值进行检测，进而判别起动开关是否性能良好。

将万用表量程调至"R×1"电阻档，并进行欧姆调零，然后检测起动开关的阻值。

【榨汁机起动开关的检修方法】

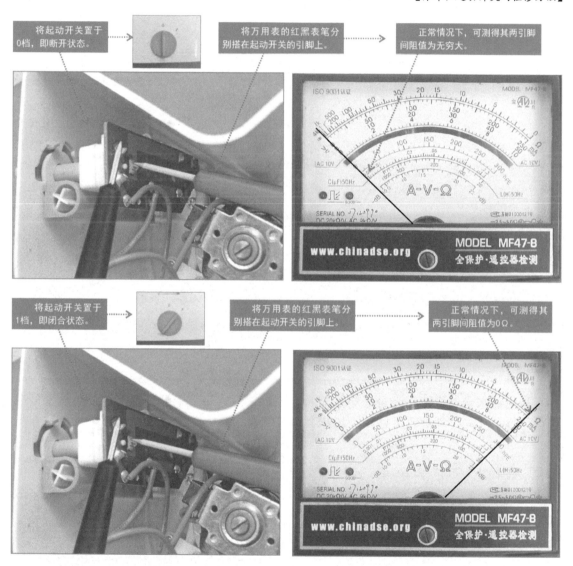

将起动开关置于0档，即断开状态。

将万用表的红黑表笔分别搭在起动开关的引脚上。

正常情况下，可测得其两引脚间阻值为无穷大。

将起动开关置于1档，即闭合状态。

将万用表的红黑表笔分别搭在起动开关的引脚上。

正常情况下，可测得其两引脚间阻值为0Ω。

正常情况下，当起动开关置于0档时，其处于断开状态，两引脚之间未建立连接，因此用万用表检测其阻值应为无穷大，否则说明内部触点搭接短路；当起动开关置于1档时，其处于闭合状态，两引脚之间接通，因此用万用表检测其阻值应为零，否则说明内部损坏，需要进行更换。

第5章
电热水壶的检修

5.1 电热水壶的结构组成

5.1.1 电热水壶的整体结构

电热水壶的外部结构比较简单，主要由指示灯、分离式电源底座、壶身底座、蒸汽式自动断电开关、上盖、出水口、提手、壶身以及透明水尺等构成。

【典型电热水壶的外部结构】

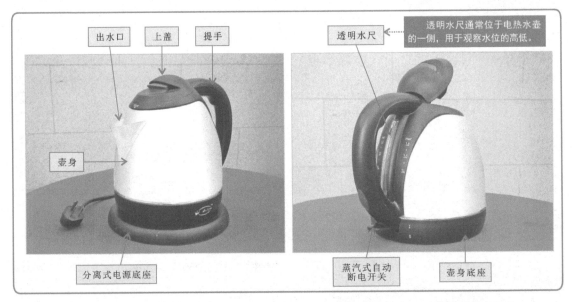

出水口　上盖　提手　透明水尺

透明水尺通常位于电热水壶的一侧，用于观察水位的高低。

壶身

分离式电源底座

蒸汽式自动断电开关　壶身底座

将电热水壶的壶体与壶身底座分离后，即可看到电热水壶壶身内部主要包含了蒸汽式自动断电开关、壶身底座插座、加热盘、温控器、热熔断器以及指示灯（氖管）等。

【典型电热水壶的内部结构】

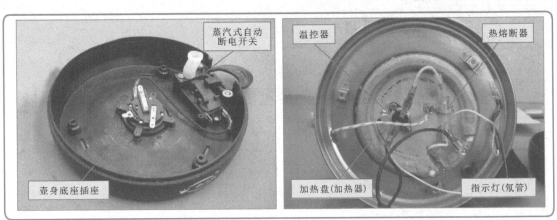

蒸汽式自动断电开关　温控器　热熔断器

壶身底座插座　加热盘(加热器)　指示灯(氖管)

1. 分离式电源底座

在电热水壶中，分离式电源底座是用于对电热水壶进行供电的主要部件，主要是由一个圆形的底座，一个可以和壶身底座相吻合的底座插座，以及电源线构成的。

【电热水壶中的分离式电源底座】

2. 加热盘

加热盘是电热水壶中的加热部件，用于对水进行加热。

【电热水壶中的加热盘及其结构】

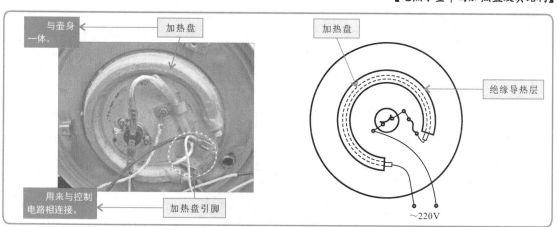

3.温控器

温控器是电热水壶中关键的一种保护器件，用于防止蒸汽式自动断电开关损坏后，电热水壶内的水被烧干。

【电热水壶中的温控器】

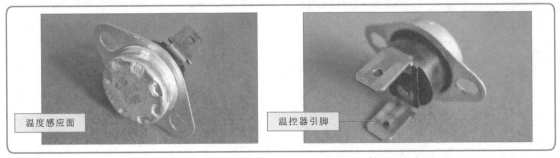

温度感应面　　　　　　　　　　　温控器引脚

4.蒸汽式自动断电开关

蒸汽式自动断电开关是控制电热水壶自动断电的装置。在电热水壶内的水沸腾后，蒸汽通过导管使其动作断开电源，停止加热。

【电热水壶中的蒸汽式自动断电开关】

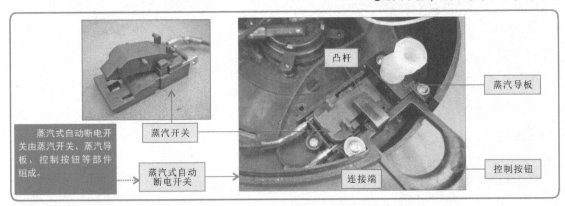

凸杆

蒸汽导板

蒸汽式自动断电开关由蒸汽开关、蒸汽导板、控制按钮等部件组成。

蒸汽开关

蒸汽式自动断电开关

连接端

控制按钮

5.热熔断器

热熔断器是电热水壶的过热保护器件之一，主要用于防止温控器或蒸汽式自动断电开关损坏后，电热水壶持续加热。

【电热水壶中的热熔断器】

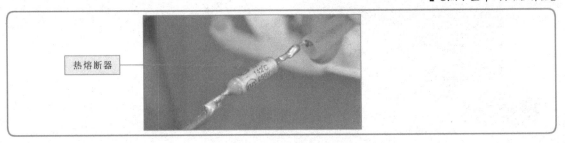

热熔断器

5.2 电热水壶的工作原理

▶ 5.2.1 电热水壶的整机工作原理

电热水壶主要用于快速加热饮用水，可通过相应的部件实现对壶内水温的控制。

【电热水壶的整机工作原理】

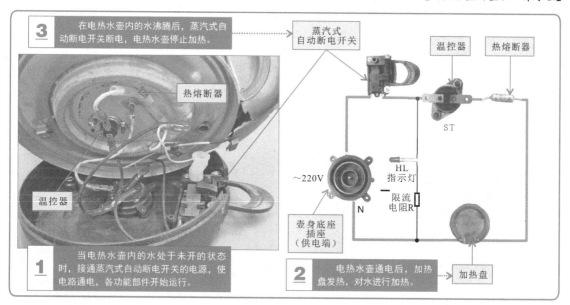

▶ 5.2.2 电热水壶的电路原理

通过电热水壶的电路连接关系可以看出,在电热水壶中加水后，接通220V交流电源，交流电源的L（相线）端经蒸汽式自动断电开关、温控器ST和热熔断器FU接到加热盘的一端，经过加热盘与交流电源的N（零线）端形成回路，实现加热。

【电热水壶的电路原理】

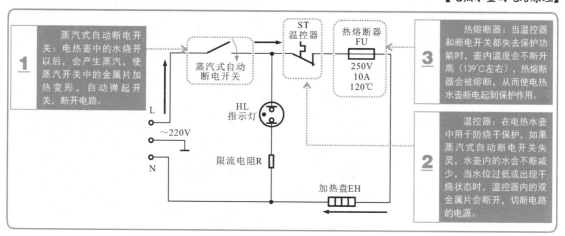

5.3 电热水壶的拆卸和检修

5.3.1 电热水壶的拆卸方法

1. 电热水壶分离式电源底座的拆卸方法

电热水壶分离式电源底座通常采用螺钉固定，逐一卸下固定螺钉即可将底座分离。

【电热水壶分离式电源底座的拆卸】

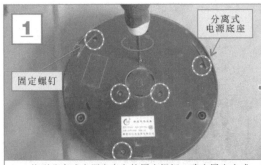

找到分离式电源底座上的固定螺钉，确定固定方式。

使用螺钉旋具取下分离式电源底座上的固定螺钉。

将分离式电源底座的下板取下。

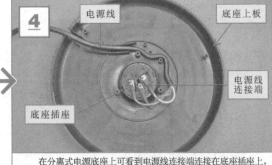

在分离式电源底座上可看到电源线连接端连接在底座插座上。

将底座插座与电源线一同取下。

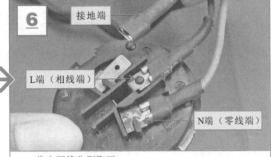

将电源线分别取下。

2. 电热水壶壶身的拆卸方法

电热水壶的主要电器部件位于壶身底部，拆卸时，通常需要将壶底与壶身分离。

【电热水壶壶身的拆卸】

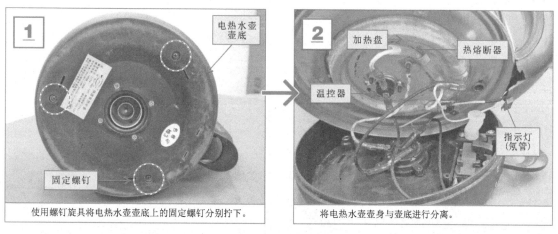

1 电热水壶壶底

固定螺钉

使用螺钉旋具将电热水壶壶底上的固定螺钉分别拧下。

2 加热盘　热熔断器

温控器

指示灯（氖管）

将电热水壶壶身与壶底进行分离。

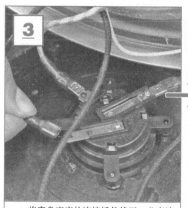

3

将壶身底座的连接插件拔开，分离连接插件。

4 蒸汽式自动断电开关

将连接插件全部取下，即可看到蒸汽式自动断电开关。

5 固定螺钉

使用螺钉旋具将蒸汽式自动断电开关的固定螺钉拧下。

6 蒸汽导板

将蒸汽式自动断电开关上的蒸汽导板取下。

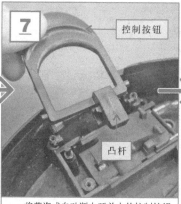

7 控制按钮

凸杆

将蒸汽式自动断电开关上的控制按钮取下。

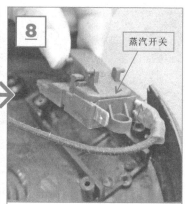

8 蒸汽开关

蒸汽开关正面有弓形弹簧片、接触端和导线连接端，在其反面有断电弹簧片。

▶ 5.3.2 电热水壶蒸汽式自动断电开关的检修

蒸汽式自动断电开关是控制电热水壶自动断电的装置。若电热水壶出现壶内水长时间沸腾而无法断电或无法进行加热现象，则需要对蒸汽式自动断电开关进行检修。

在对其进行检修时，可先通过直接观察法检查开关与电路的连接、橡胶管的连接、蒸汽开关、压断电弹簧片、弓形弹簧片以及接触端等部件的状态和关系，即先排除机械故障。若从表面无法找到故障，可再借助万用表检测蒸汽式自动断电开关能否实现正常的"通、断"控制。

【电热水壶蒸汽式自动断电开关的检修方法】

当蒸汽式自动断电开关检测到蒸汽温度时，内部金属片变形动作，触点断开，此时用万用表测得的其触点间的电阻值应为无穷大。

将万用表档位旋钮置于"R×1"电阻档，红、黑表笔分别搭在蒸汽式自动断电开关的两个接线端子上。

开关被压下处于闭合状态时，用万用表测触点间的电阻值，应为0Ω。

▶ 5.3.3 电热水壶加热盘的检修

加热盘是进行加热的重要器件，该器件不轻易损坏。若电热水壶出现无法正常加热的故障，在排除各机械部件的故障后，则需要对加热盘进行检修。

对加热盘进行检修时，可以使用万用表检测加热盘阻值的方法来判断其好坏。

【电热水壶加热盘的检修方法】

加热盘

将万用表档位旋钮置于"R×10"电阻档，红黑表笔分别搭在加热盘的两个接线端子上。

观察万用表指针的指示位置可知，在正常情况下，万用表实测的加热盘电阻值为40Ω左右。

温控器是电热水壶中关键的保护器件。当电热水壶出现加热完成后不能自动跳闸，以及无法加热的故障时，若机械部件均正常，则需要对温控器进行检修。

检修温控器时，可通过使用万用表电阻档检测其在不同温度条件下两引脚间的通断情况来判断好坏。

【电热水壶温控器的检修方法】

将万用表档位旋钮置于"R×1"电阻档，红、黑表笔分别搭在温控器的两个接线端子上。

常温状态下，温控器触点处于闭合状态，用万用表测触点间的电阻值，应为0Ω。

将温控器拆卸后，使用电烙铁对其加热，听到"喀"后，检测此时的电阻值情况。

在电烙铁作用下，温控器受热后触点断开。在正常情况下，用万用表测触点间的电阻值，应为无穷大。

判断热熔断器的好坏时，可使用指针万用表电阻档检测其电阻值。正常情况下，热熔断器的电阻值为0Ω，若实测电阻值为无穷大，说明热熔断器损坏。

【电热水壶热熔断器的检修方法】

将万用表档位旋钮置于"R×10"电阻档，红、黑表笔分别搭在热熔断器两个接线端子上。

观察万用表指针指示位置可知，在正常情况下，测得的热熔断器电阻值应为0Ω。

第6章
电风扇的检修

6.1 电风扇的结构组成

6.1.1 电风扇的整体结构

电风扇主要是由风扇组件、控制组件以及支撑组件等部分构成的。

【典型电风扇的外部结构】

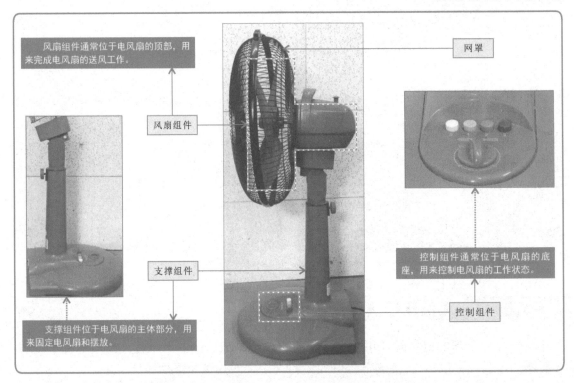

风扇组件通常位于电风扇的顶部，用来完成电风扇的送风工作。

网罩

风扇组件

支撑组件

控制组件通常位于电风扇的底座，用来控制电风扇的工作状态。

控制组件

支撑组件位于电风扇的主体部分，用来固定电风扇和摆放。

电风扇内部的控制电路主要由定时器、摇头开关及调速开关等部件构成。

【典型电风扇的内部结构】

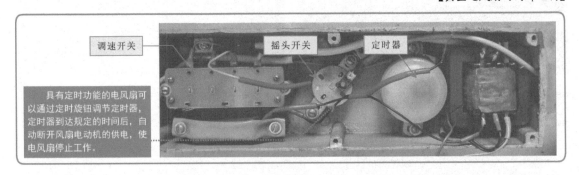

调速开关　　摇头开关　　定时器

具有定时功能的电风扇可以通过定时旋钮调节定时器，定时器到达规定的时间后，自动断开风扇电动机的供电，使电风扇停止工作。

1. 风扇电动机

风扇电动机位于扇叶的正后方，其转子与扇叶相连。在电风扇工作时，风扇电动机通过转子带动扇叶旋转，从而促进空气流通。

【电风扇中的风扇电动机】

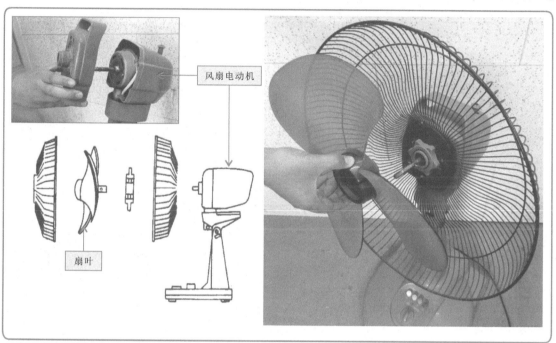

风扇电动机

扇叶

 2. 起动电容器

起动电容器通常位于风扇电动机的后方，主要用于辅助风扇电动机起动。

【电风扇中的起动电容器】

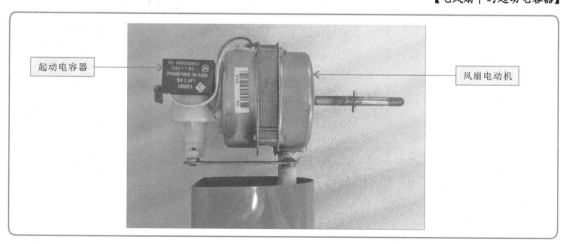

起动电容器

风扇电动机

摇头组件通常固定在风扇电动机上，连杆的一端连接在支撑组件上，当摇头组件工作时，由偏心轴带动连杆运动，从而实现电风扇的往复摇摆运行。

【电风扇中的摇头组件】

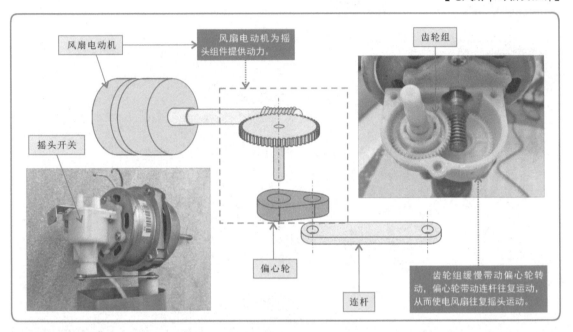

风扇电动机

风扇电动机为摇头组件提供动力。

齿轮组

摇头开关

偏心轮

连杆

齿轮组缓慢带动偏心轮转动，偏心轮带动连杆往复运动，从而使电风扇往复摇头运动。

特别提醒

有些电风扇采用摇头电动机作为摇头的动力源。摇头电动机中连杆的一端连接在支撑组件上，当摇头电动机旋转的时候，由偏心轮带动连杆运动，从而实现电风扇往复水平摆动。

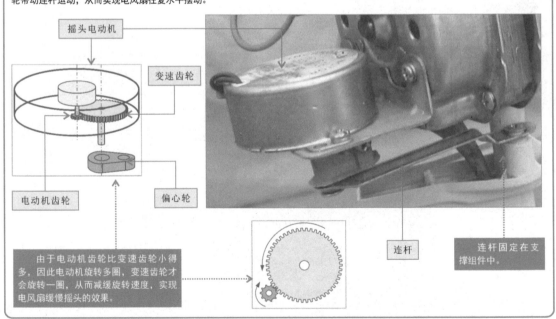

摇头电动机

变速齿轮

电动机齿轮

偏心轮

由于电动机齿轮比变速齿轮小得多，因此电动机旋转多圈，变速齿轮才会旋转一圈，从而减缓旋转速度，实现电风扇缓慢摇头的效果。

连杆

连杆固定在支撑组件中。

风速开关主要由档位按钮、触点、接线端等构成。它是电风扇的控制部件，可以控制风扇电动机内绕组的供电，使风扇电动机以不同速度旋转。

【电风扇中的风速开关】

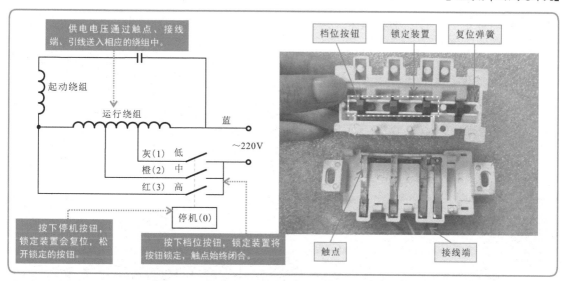

6.2 电风扇的工作原理

6.2.1 电风扇的整机工作原理

电风扇通电后，通过风速开关使风扇电动机旋转，同时带动扇叶一起旋转，由于扇叶带有一定的角度，旋转时会切割空气，从而促使空气加速流通，实现送风操作。

当需要电风扇摇头送风时，则可以通过控制摇头开关使电风扇头部摆动。

【电风扇的整机工作原理】

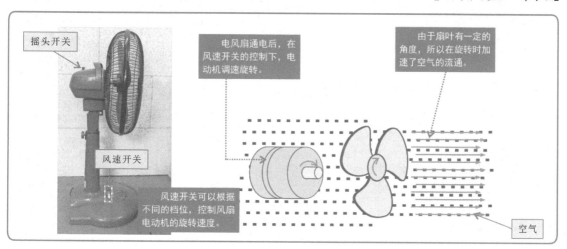

通过典型电风扇控制电路可知，风扇电动机多为交流感应电动机，它具有两个绕组，主绕组通常作为运行绕组，另一辅助绕组作为起动绕组。

电风扇通电起动后，交流电源经起动电容器加到起动绕组上，在起动电容器的作用下，起动绕组中所加电流的相位与运行绕组中的电流相位形成90°夹角，定子和转子之间形成起动转矩，使转子旋转起来。风扇电动机开始高速旋转，并带动扇叶一起旋转，从而加速空气流通。

【电风扇的电路原理】

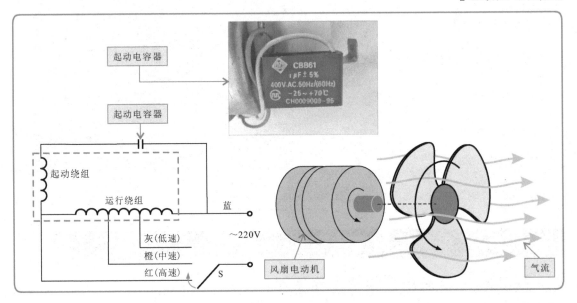

遥控式电风扇的功能相对更加智能化，其内部是由各种电子元器件构成的具有控制功能的电子电路。

【遥控式电风扇的电路原理】

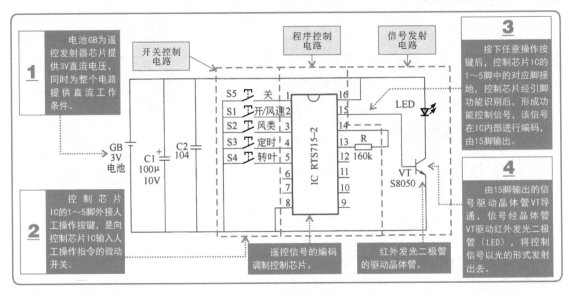

1 控制芯片RTS511B-000的7脚和10脚为供电端；1脚和20脚外接32.768kHz晶体，为芯片提供时钟信号。只有这两个基本条件都满足时，控制芯片才能正常工作，接收遥控信号，发出相应指令的控制信号，控制电风扇工作。

3 电风扇电动机的公共端接到相线端（L），高速、中速和低速控制端由三个双向晶闸管VT2、VT3、VT4控制，速度控制触发信号分别由RTS511B-000的2脚、3脚、4脚输出，并分别控制晶闸管的触发端。

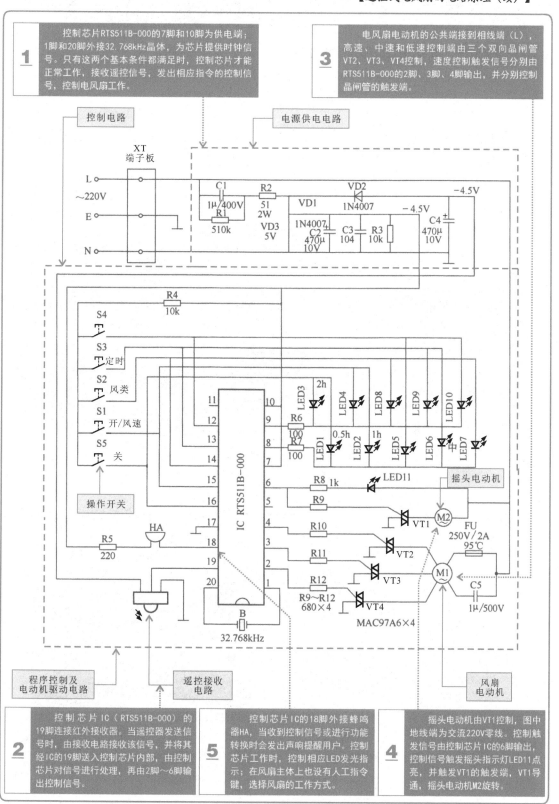

2 控制芯片IC（RTS511B-000）的19脚连接红外接收器。当遥控器发送信号时，由接收电路接收该信号，并将其经IC的19脚送入控制芯片内部，由控制芯片对信号进行处理，再由2脚～6脚输出控制信号。

5 控制芯片IC的18脚外接蜂鸣器HA，当收到控制信号或进行功能转换时会发出声响提醒用户。控制芯片工作时，控制相应LED发光指示；在风扇主体上也设有人工指令键，选择风扇的工作方式。

4 摇头电动机由VT1控制，图中地线端为交流220V零线。控制触发信号由控制芯片IC的6脚输出，控制信号触发摇头指示灯LED11点亮，并触发VT1的触发端，VT1导通，摇头电动机M2旋转。

6.3 电风扇的拆卸和检修

6.3.1 电风扇的拆卸方法

 1. 电风扇网罩及扇叶的拆卸

电风扇中网罩及扇叶通常由螺钉直接固定。拆卸时，可首先找到网罩上的固定螺钉，将其拧下后，即可取下网罩，然后再进一步拆卸扇叶。

【电风扇网罩及扇叶的拆卸方法】

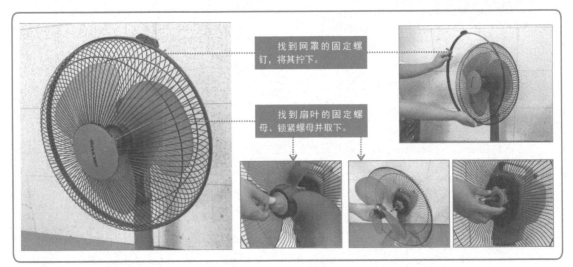

找到网罩的固定螺钉，将其拧下。

找到扇叶的固定螺母、锁紧螺母并取下。

 2. 风扇电动机外壳的拆卸

风扇电动机由螺钉固定在电风扇的外壳中，拆卸时，应先观察外壳的固定方式，然后将固定螺钉拧下。

【风扇电动机外壳的拆卸方法】

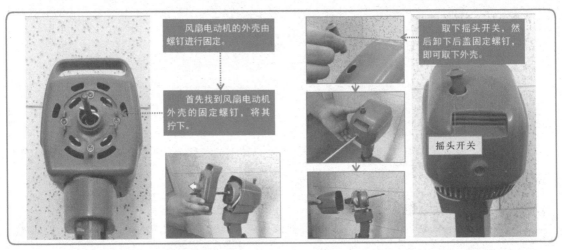

风扇电动机的外壳由螺钉进行固定。

首先找到风扇电动机外壳的固定螺钉，将其拧下。

取下摇头开关，然后卸下后盖固定螺钉，即可取下外壳。

摇头开关

电风扇的主要控制部件都安装在底座中，拆卸时，卸下固定螺钉即可。

【电风扇底座的拆卸方法】

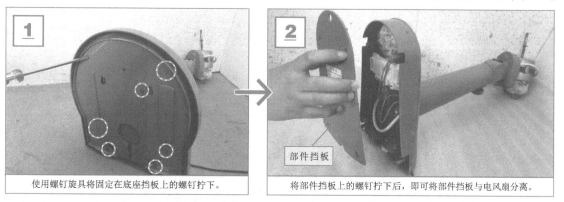

1 使用螺钉旋具将固定在底座挡板上的螺钉拧下。

2 部件挡板

将部件挡板上的螺钉拧下后，即可将部件挡板与电风扇分离。

6.3.2 电风扇起动电容器的检修

起动电容器用于为风扇电动机提供起动电压，是控制风扇电动机起动运转的重要部件，其好坏可借助数字万用表检测电容量来判断。

【电风扇起动电容器的检修方法】

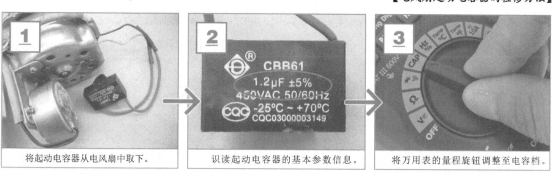

1 将起动电容器从电风扇中取下。

2 识读起动电容器的基本参数信息。

3 将万用表的量程旋钮调整至电容档。

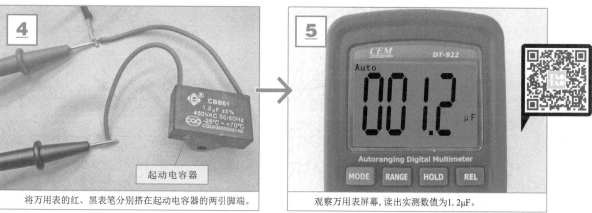

4 起动电容器

将万用表的红、黑表笔分别搭在起动电容器的两引脚端。

5 观察万用表屏幕，读出实测数值为1.2μF。

▶ 6.3.3 风扇电动机的检修

若风扇电动机出现故障，将导致电风扇开启无反应等故障。风扇电动机有无异常，可借助万用表检测其各绕组之间的电阻值来判断。

【风扇电动机的检修方法】

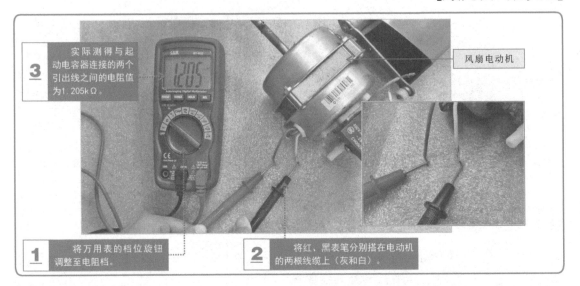

3 实际测得与起动电容器连接的两个引出线之间的电阻值为1.205kΩ。

风扇电动机

1 将万用表的档位旋钮调整至电阻档。

2 将红、黑表笔分别搭在电动机的两根线缆上（灰和白）。

特别提醒

结合风扇电动机内部的接线关系，可以看到，与起动电容器连接的两根引出线间的电阻值即为风扇电动机起动绕组和运行绕组串联后的总电阻值。

采用相同的方法，测量橙—白、橙—灰引出线之间的电阻值分别为698Ω和507Ω，即起动绕组电阻值为698Ω，运行绕组电阻值为507Ω，满足698Ω+507Ω=1205Ω的关系，说明风扇电动机绕组正常，可进一步排查机械部分。

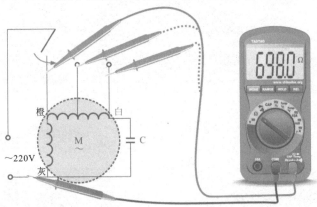

▶ 6.3.4 电风扇摇头组件的检修

若摇头组件损坏，则会出现电风扇不摇头或功能失常等现象。怀疑摇头组件出现故障时，应首先明确该组件的类型。对于机械式摇头组件，需要对摇头传动部分、偏心轮、连杆等进行检查。

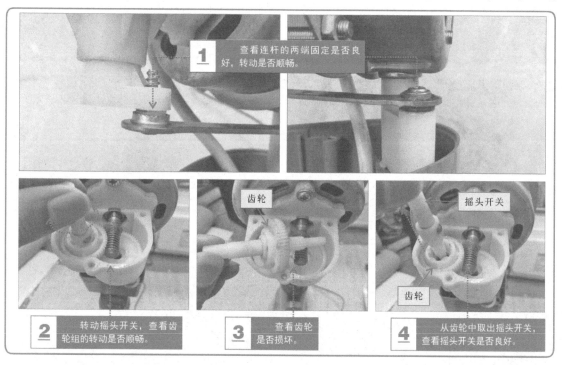

1 查看连杆的两端固定是否良好，转动是否顺畅。

齿轮

摇头开关

齿轮

2 转动摇头开关，查看齿轮组的转动是否顺畅。

3 查看齿轮是否损坏。

4 从齿轮中取出摇头开关，查看摇头开关是否良好。

▶ **6.3.5 电风扇风速开关的检修**

检修时，应当先查看风速开关与各导线是否连接良好，然后对内部的主要部件进行检测。

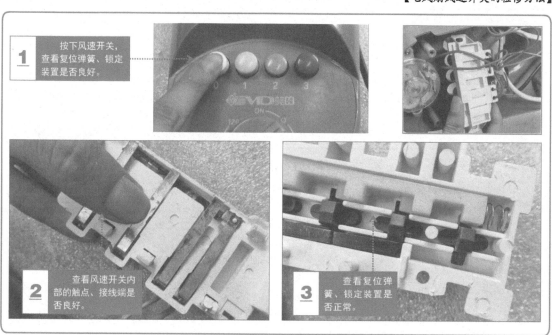

1 按下风速开关，查看复位弹簧、锁定装置是否良好。

2 查看风速开关内部的触点、接线端是否良好。

3 查看复位弹簧、锁定装置是否正常。

第7章
吸尘器的检修

 7.1 吸尘器的结构组成

▶ **7.1.1 吸尘器的外部结构**

吸尘器是借助抽气作用吸走灰尘或干燥的污物（如线、纸屑、头发等）的清洁电器。从外观上看，吸尘器由电源线收卷控制按钮、吸力调整旋钮、电源开关、电源线、脚轮、提手以及软管等构成。

【典型吸尘器的外部结构】

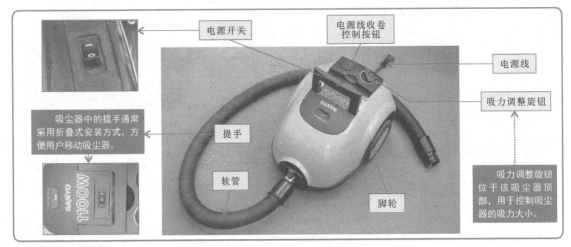

■ **1. 电源线收卷控制按钮**

目前吸尘器中大多数都具有电源线自动收卷功能，当用户按压电源线收卷控制按钮时，电源线便会自动收回到吸尘器内部，非常方便。该控制按钮内部装有复位弹簧，按压后可以自动复位。

【电源线收卷控制按钮】

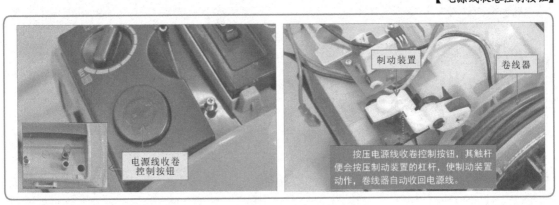

吸力调整旋钮可对吸尘器的抽气力度大小进行调节。实际上，吸力调整旋钮与一个电位器相连，通过转动旋钮到不同位置，可改变电位器电阻值大小，进而改变吸尘器的电动机转速。

【吸力调整旋钮】

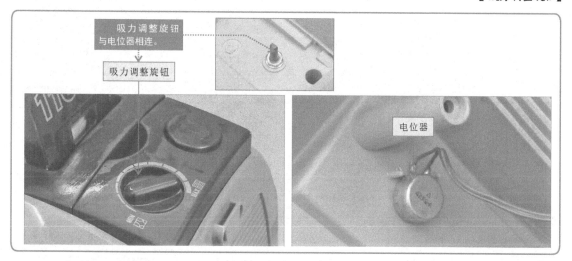

▶ 7.1.2 吸尘器的内部结构 ≫

打开吸尘器的外壳后，即可以看到吸尘器的内部结构。吸尘器的内部由涡轮式抽气机、卷线器、制动装置、集尘室、集尘袋和电路板等构成。

【典型吸尘器的内部结构】

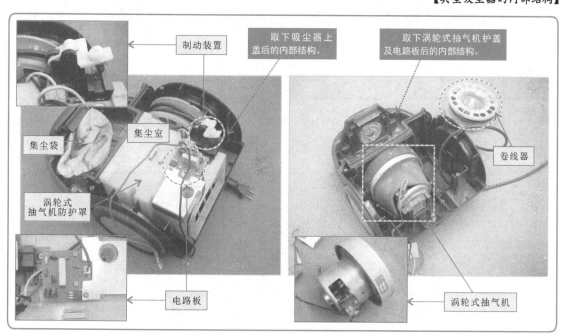

1. 涡轮式抽气机

吸尘器中的涡轮式抽气机是一个带涡轮叶片的电动机，是一种电动抽气装置。涡轮式抽气机主要包括两部分，一部分为涡轮抽气装置，内有涡轮叶片；另一部分为涡轮驱动电动机。

【吸尘器中涡轮式抽气机的结构】

其中驱动电动机就是常见的单相交流感应电动机。涡轮式抽气机工作时，会带动周围的空气，沿着涡轮叶片的轴向运动从排风口排出。

【涡轮式抽气机工作示意】

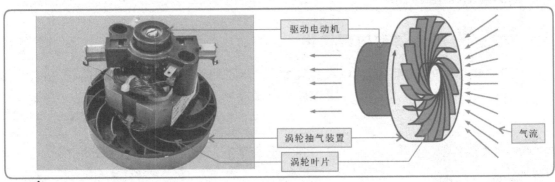

 2. 卷线器

吸尘器中的卷线器是用于收卷电源线的装置，可以使吸尘器的外观更为美观，其主要包括电源触片、摩擦轮、轴杆、护盖、螺旋弹簧、电源线以及制动装置。

【吸尘器中卷线器的结构】

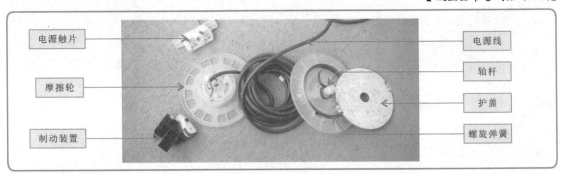

卷线器的内部结构与卷尺相似。当抽出电源线时，由于螺旋弹簧的首尾都固定在摩擦轮中，所以电源线抽出的越多，螺旋弹簧的弹力会越大，但是制动轮又阻碍了摩擦轮中螺旋弹簧的释放。此时卷线器中的电源线可以随意抽取。

当不需要使用吸尘器的时候，电源线太长，很不方便。此时，可以按下制动杠杆，将制动轮与摩擦轮分离。没有了制动轮的阻碍，卷线器内部螺旋弹簧的弹力就会释放出来，并带动摩擦轮旋转。摩擦轮旋转时电源线也就跟着一起收回到卷线器中，缠绕到摩擦轮中。

【吸尘器中卷线器工作示意】

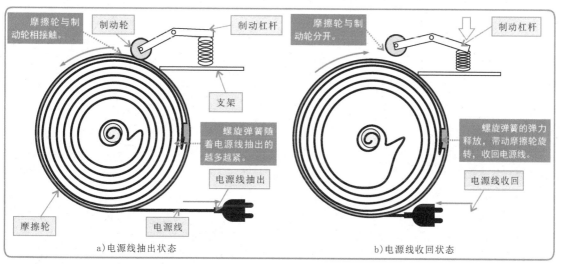

a) 电源线抽出状态　　　　　　　　　b) 电源线收回状态

3. 电路板

吸尘器中的电路板承载着控制吸尘器工作或动作的所有电子元器件，是吸尘器中的关键部件。其主要是由双向二极管、双向晶闸管、电容器、电阻器以及调速电位器连接端等构成。这些电子元器件按照一定的原则连接成具有一定控制功能的单元电路，进而控制吸尘器的工作状态。

【吸尘器中电路板的结构】

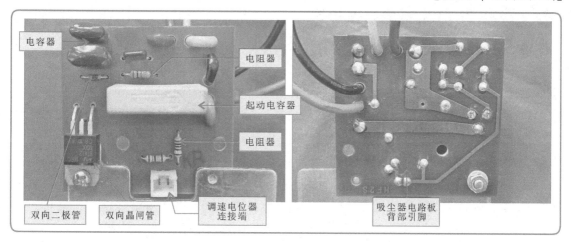

7.2 吸尘器的工作原理

7.2.1 吸尘器的整机工作原理

　　吸尘器工作时，抽气机叶片高速旋转，吸尘器内的空气被迅速排出，使吸尘器内的集尘室形成一个瞬间真空的状态。此时，由于外界气压大于集尘室内的气压，就会形成负压，使得与外界相通的吸气口吸入大量空气，灰尘等脏污随着空气一起被吸入，收集在集尘袋中，空气可以通过滤尘片排出吸尘器，形成一个循环，只将脏物收集到集尘袋中。

【吸尘器的整机工作原理】

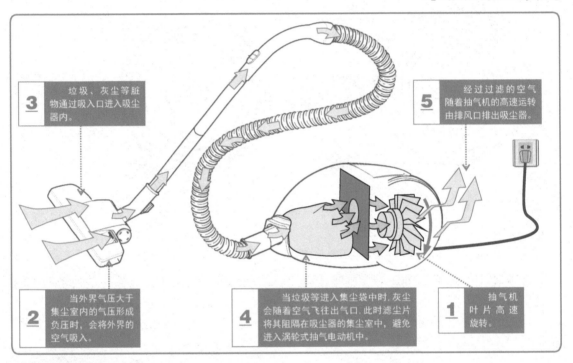

3　垃圾、灰尘等脏物通过吸入口进入吸尘器内。

5　经过过滤的空气随着抽气机的高速运转由排风口排出吸尘器。

2　当外界气压大于集尘室内的气压形成负压时，会将外界的空气吸入。

4　当垃圾等进入集尘袋中时，灰尘会随着空气飞往出气口，此时滤尘片将其阻隔在吸尘器的集尘室中，避免进入涡轮式抽气电动机中。

1　抽气机叶片高速旋转。

7.2.2 吸尘器的电路原理

　　吸尘器的电路主要是由直流供电电路、转速控制电路以及电动机供电电路等部分构成的。以富士达QVW—90A型吸尘器为例，220V交流输入电源经过双向晶闸管为吸尘器驱动电动机供电。控制双向晶闸管的导通角（每个供电周期内的相位），就可以实现电动机的速度控制。

　　在该电路中220V交流输入经变压器T1降压成11V交流电压，经桥式整流和C1滤波变成直流电压，为IC供电，由R2、R3分压点取得的100Hz脉动信号加到LM555的2脚作为同步基准，LM555的3脚则输出触发脉冲信号，经C3耦合到变压器T2的一次侧，于是T2的二次侧输出触发脉冲加到晶闸管的门极G端，使双向晶闸管导通，电动机旋转。调整LM555的7脚外接电位器，可以调整触发脉冲的相位，即可实现速度调整。

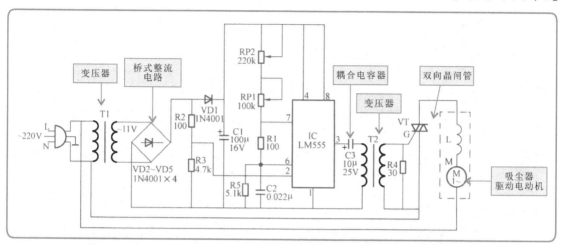

7.3 吸尘器的拆卸和检修

▶ 7.3.1 吸尘器的拆卸方法

1. 吸尘器外壳的拆卸

吸尘器的外壳通常是由按键或螺钉进行固定的，拆卸时，可先找到相关的固定位置，然后取下固定件，将吸尘器的外壳拆卸下来。

【吸尘器外壳的拆卸方法】

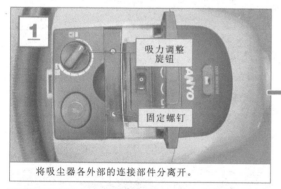

将吸尘器各外部的连接部件分离开。

将吸尘器提手下方的固定螺钉拧下。

将吸尘器上的操作面板盖取下。

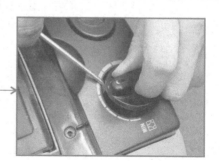

将吸尘器盒盖上的螺钉拧下。

找到外壳的固定螺钉并取下。

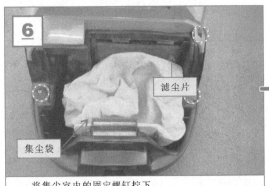

滤尘片

集尘袋

将集尘室内的固定螺钉拧下。

依次取下集尘袋和滤尘片后，将整个吸尘器的外壳打开。

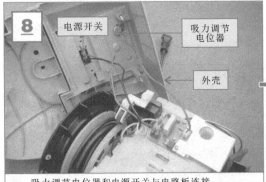

电源开关

吸力调节电位器

外壳

吸力调节电位器和电源开关与电路板连接。

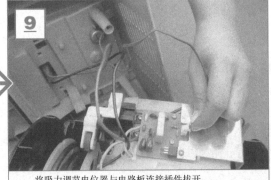

将吸力调节电位器与电路板连接插件拔开。

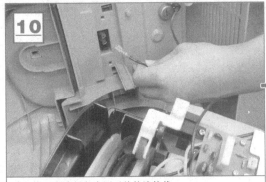

拔下电路板与电源开关的连接线。

卷线器

制动装置

涡轮式抽气机

电路板

取下吸尘器的整体外壳，可看到内部结构。

2. 吸尘器电路板的拆卸

拆卸吸尘器电路板时，可首先将固定电路板的螺钉取下，然后将电路板与吸尘器进行分离。

【吸尘器电路板的拆卸方法】

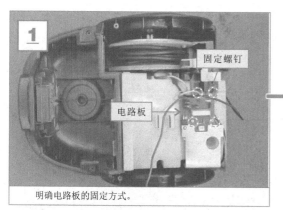

固定螺钉

电路板

固定螺钉

明确电路板的固定方式。

拧下电路板固定螺钉，将电路板从涡轮式抽气机防护罩上取下。

3. 吸尘器制动装置的拆卸

吸尘器的制动装置主要用于控制电源线伸缩，拆卸制动装置时，可先判断其固定方式，找到固定点，取下固定螺钉，并分离吸尘器和制动装置.

【吸尘器制动装置的拆卸方法】

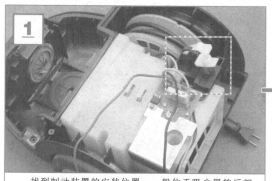

找到制动装置的安装位置，一般位于吸尘器的后部。

使用合适的螺钉旋具拆卸制动装置的固定螺钉。

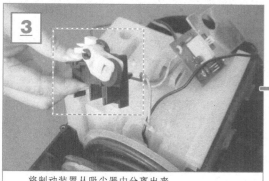

将制动装置从吸尘器中分离出来。

拆下的制动装置。

拆卸涡轮式抽气机时，由于其安装在吸尘器的底部，由防护罩进行防护，因此，首先要对防护罩进行拆卸，然后再取出涡轮式抽气机的连接引线，把涡轮式抽气机从吸尘器中分离出来即可。

【吸尘器抽气机的拆卸方法】

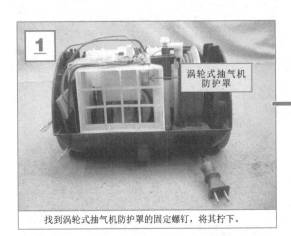

涡轮式抽气机防护罩

找到涡轮式抽气机防护罩的固定螺钉，将其拧下。

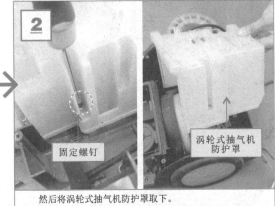

固定螺钉

涡轮式抽气机防护罩

然后将涡轮式抽气机防护罩取下。

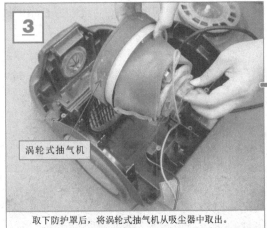

涡轮式抽气机

取下防护罩后，将涡轮式抽气机从吸尘器中取出。

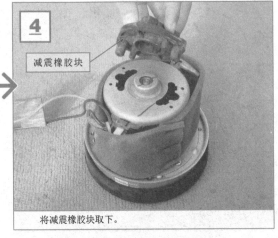

减震橡胶块

将减震橡胶块取下。

降噪海绵

将降噪海绵取下。

减震橡胶帽

将减震橡胶帽取下。

当电源线出现断路或短路故障时，将导致吸尘器无法正常工作。一般可使用万用表电阻档检测电源线中相线或零线以及两根线之间的通断情况来判断电源线及连接部分是否出现断路或短路现象。

【吸尘器电源线的检修方法】

将万用表的红、黑表笔分别搭在电源线相线的两端上，正常情况下，万用表读数为0Ω。用同样方法检测零线两端读数也为0Ω。若指针指向无穷大，表明电源线存在断路故障。

将万用表的红、黑表笔分别搭在电源线相线和零线上，正常情况下，万用表读数为无穷大。若指针指向0Ω，表明电源线存在短路故障。

▶ **7.3.3 吸尘器起动电容器的检修** ≫

若吸尘器接通电源后，涡轮式抽气机不能正常运行，在排除电源线及电源开关的故障后，则应对抽气机的起动电容进行检测。

起动电容在吸尘器中是控制涡轮式抽气机进行工作的重要器件，若其发生损坏会导致吸尘器电动机不转。可用带电容测量功能的万用表定量检测其电容，若其电容下降明显，则怀疑其可能损坏。

【吸尘器起动电容器的检修方法】

将万用表调整至电容测量档，将万用表的红、黑表笔分别搭在起动电容器的两个引脚上。

在正常情况下，测得起动电容器的电容接近"0.22μF"，与该电容器的标称值基本相近或相符，表明该电容器正常。

吸力调整电位器主要用于调整涡轮式抽气机风力大小。若吸力调整电位器发生损坏，可能会导致吸尘器控制失常。当吸尘器出现该类故障时，应先对吸力调整电位器进行检修，一般可以使用万用表电阻档检测吸力调整电位器位于不同档位时电阻值的变化情况，来判断好坏。

【吸尘器吸力调整电位器的检修方法】

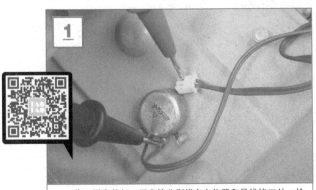

将万用表的红、黑表笔分别搭在电位器和导线接口处，检测电位器与电路板插件支架有无断路。

正常情况下，万用表读数为0Ω。若实测阻值为无穷大，说明电位器与电路板插件之间的导线存在断路故障，应更换。

将吸力调整旋钮电位器调整至最大档。

将万用表的红黑表笔分别搭在吸力调整旋钮电位器的两个引脚上。

正常情况下，万用表阻值应为0Ω。最大档位时，电位器的电阻值趋于0Ω，涡轮抽气驱动电动机供电电压最高，转速最快。

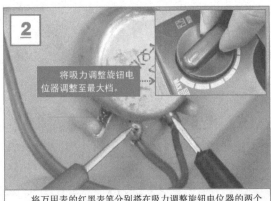

将吸力调整旋钮电位器调整至最小档。正常情况下，万用表测得阻值应为40Ω。

最小档位时，电位器以最大阻值状态接入电路中，使驱动电动机供电电压最低，转速最慢，吸尘器的吸力最弱。

将吸力调整旋钮电位器调整至中档。正常情况下，万用表阻值应该为20Ω左右。

中档位时，电位器的电阻值为总电阻值的1/2。

调节吸力调整电位器到不同的档位，观察检测结果变化。

　　涡轮式抽气机是吸尘器中实现吸尘功能的关键器件。若怀疑其出现故障时，应当先对其内部的减震橡胶块和减震橡胶帽进行检查，确定其正常后，再使用万用表对驱动电动机绕组进行检测。

【吸尘器抽气机的检修方法】

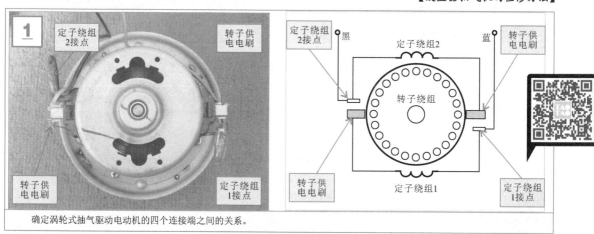

确定涡轮式抽气驱动电动机的四个连接端之间的关系。

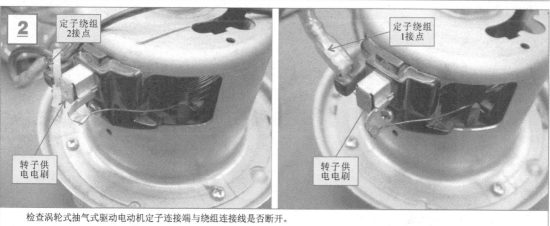

检查涡轮式抽气式驱动电动机定子连接端与绕组连接线是否断开。

3

将万用表的红表笔搭在定子绕组2接点上，黑表笔搭在转子供电电刷上。正常情况下，万用表的阻值应接近0Ω。

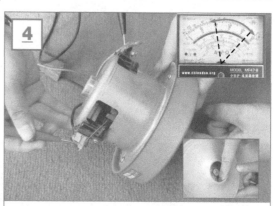

将万用表的红、黑表笔分别搭在转子连接端上，旋转涡轮叶片，正常情况下，万用表指针处于摆动状态。

第8章
电饭煲的检修

8.1 电饭煲的结构组成

▶ 8.1.1 电饭煲的整体结构

电饭煲俗称电饭锅，是利用电加热原理的自动或半自动炊具。其根据控制方式的不同可以分为微计算机式电饭煲和机械式电饭煲两种，由于前者功能较多，成为目前应用较多的一种电饭煲。

【典型电饭煲的整体结构】

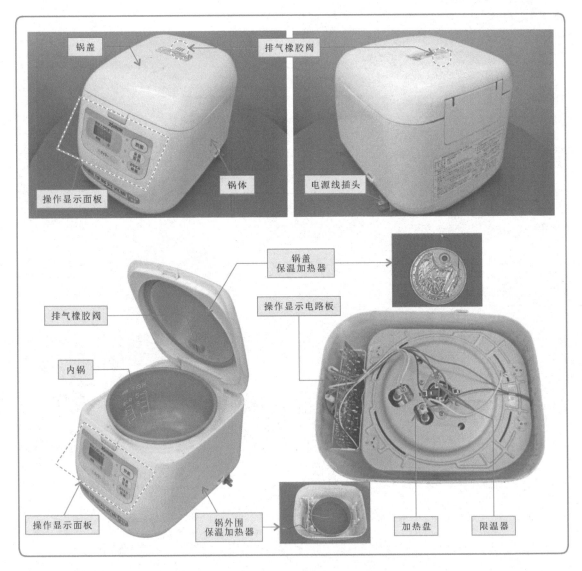

1. 内锅

内锅（也称为内胆）是电饭煲中用来煮饭的容器，在其内壁上标有刻度，用来指示放米量和放水量。

【电饭煲中的内锅】

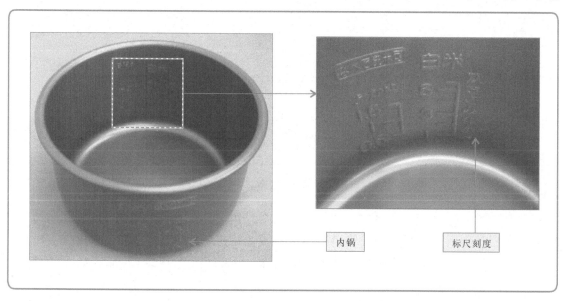

内锅

标尺刻度

 2. 加热盘

加热盘是电饭煲的主要部件之一，是用来为电饭煲提供热源的部件。它通常位于电饭煲的底部，其中供电端位于加热盘的底部，通过连接片与供电导线相连。

【电饭煲中的加热盘】

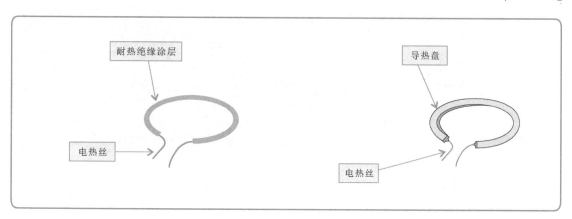

耐热绝缘涂层

电热丝

导热盘

电热丝

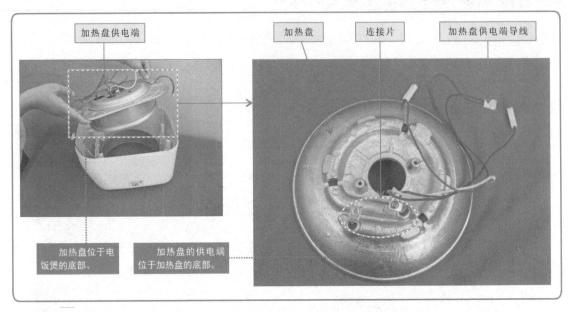

加热盘供电端　　　　　　　加热盘　　　连接片　　　加热盘供电端导线

加热盘位于电饭煲的底部。

加热盘的供电端位于加热盘的底部。

3. 限温器

　　限温器是电饭煲煮饭完成后自动断电的装置，用来感应内锅热量，从而判断锅内食物是否加热变熟。限温器通常安装在电饭煲底部加热盘的中心位置，与内锅直接接触。

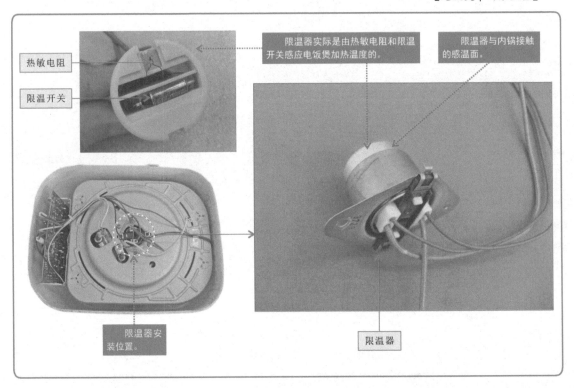

热敏电阻

限温开关

限温器实际是由热敏电阻和限温开关感应电饭煲加热温度的。

限温器与内锅接触的感温面。

限温器安装位置。

限温器

特别提醒

在机械式电饭煲中，限温器通常采用磁钢限温器，它是通过加热开关的上下运动对其进行控制。机械式电饭煲与微计算机式电饭煲的主要区别就是控制方式的不同。

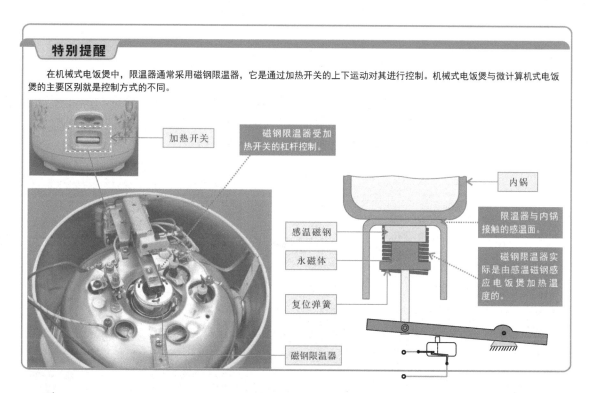

- 加热开关
- 磁钢限温器受加热开关的杠杆控制。
- 内锅
- 限温器与内锅接触的感温面。
- 感温磁钢
- 永磁体
- 磁钢限温器实际是由感温磁钢感应电饭煲加热温度的。
- 复位弹簧
- 磁钢限温器

4. 保温加热器

保温加热器分别设置在内锅的周围和锅盖的内侧，起到保温作用。

【电饭煲中的保温加热器】

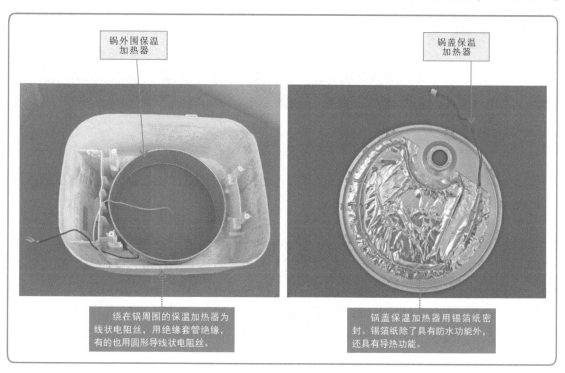

- 锅外围保温加热器
- 锅盖保温加热器
- 绕在锅周围的保温加热器为线状电阻丝，用绝缘套管绝缘，有的也用圆形导线状电阻丝。
- 锅盖保温加热器用锡箔纸密封。锡箔纸除了具有防水功能外，还具有导热功能。

5.操作显示电路板

操作显示电路板位于电饭煲前端的锅体壳内，用户可以根据需要对电饭煲进行控制，并由指示部分显示电饭煲的当前工作状态。操作显示电路板上主要包括操作按键、指示灯、液晶显示屏、过电压保护器、蜂鸣器和控制继电器等。

【电饭煲中的操作显示电路板】

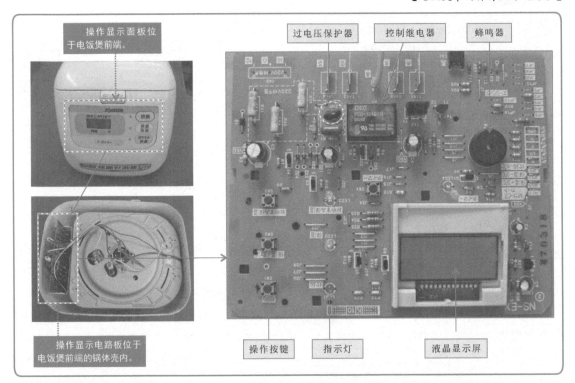

8.2 电饭煲的工作原理

8.2.1 电饭煲的整机工作原理

电饭煲在工作时，与加热盘并联的氖灯发光以指示加热盘正在工作中。磁钢限温器设置在锅底，当饭熟后温度会超过100℃，于是电饭煲转为保温状态。

在煮饭过程中，电饭煲内的水会蒸发，即由液态转为气态。物体由液态转为气态时，要吸收一定的能量，叫作"潜热"，此时，电饭煲内便已经含有一定的热量。饭煮好后，温度会一直停留在沸点，直至水分蒸发后，电饭煲里的温度便会再次上升。电饭煲里面有温度传感器和控制电路，当检测到温度再次超过100℃后，感温磁钢失去磁性，释放永久磁体，使加热开关断开，保温加热器串入电路之中，加热盘上的电压下降，电流减小，进入保温加热状态。通常电饭煲中的磁钢限温器与电源开关联动，按下加热开关的同时感温磁钢与永久磁体吸合。

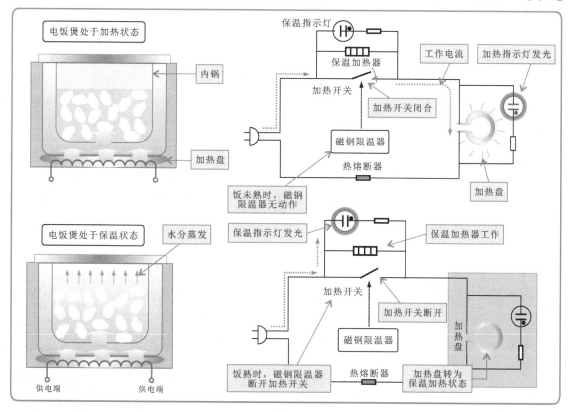

目前流行的电饭煲多采用集成电路控制。人工指令通过操作按键输入后，送入电饭煲控制电路的微处理器中，通过微处理器做出加热的判断，将信号输入继电器驱动电路，驱动继电器的触点动作控制加热盘加热。

【电饭煲的智能控制原理】

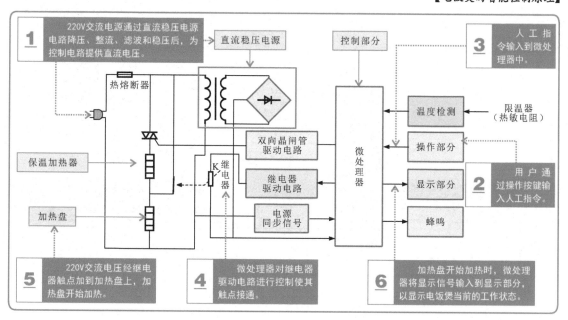

在加热工作期间，锅底的限温器不断将温度信息传送给微处理器，当水分大量蒸发，锅底没有水的时候，其温度会超过100 ℃，此时微处理器判别饭已熟（不管饭有没有熟，只要内锅内不再有水，微处理器便做出饭熟的判断）。当饭熟之后，继电器释放触点，停止加热，此时，控制电路起动晶闸管，220 V交流通过晶闸管将电压加到保温加热器和加热盘上，两种加热部件呈串联型。由于保温加热器的功率较小、电阻值较大，加热盘上只有较小的电压，因此发热量较小，只起保温作用。微处理器同时对显示部分输送保温显示信号。

▶ 8.2.2 电饭煲的电路原理

电饭煲的电路根据功能的不同大致可以分为电源供电电路、操作控制电路、加热控制电路、保温控制电路、微型计算机控制电路。

1.电源供电电路

电饭煲的电源供电电路主要由热熔断器、降压变压器、桥式整流电路、滤波电容器和三端稳压器等部分构成。220 V交流电源经降压变压器降压后，输出低压交流电。低压交流电压再经过桥式整流电路整流为直流电压后，由滤波电容器进行平滑滤波，使其变得稳定。为了满足电饭煲中不同电路供电电压的不同需求，经过平滑滤波的直流电压，一部分经过三端稳压器，稳压为+5 V左右的电压后，再输入到电饭煲的所需电路中。

【电饭煲的电源供电电路】

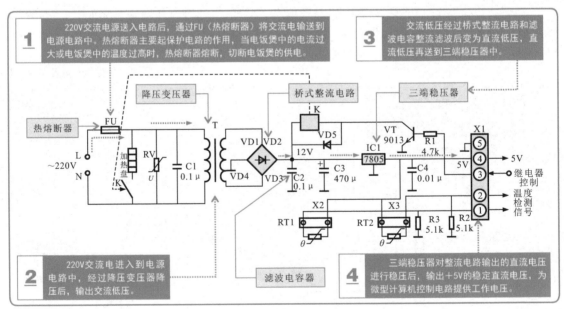

2.操作控制电路

电饭煲的操作控制电路由微处理器直接控制。

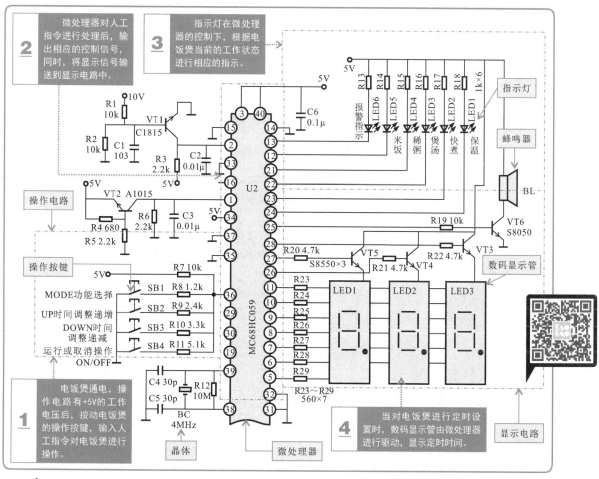

3. 加热控制电路

电饭煲的加热控制电路主要为驱动晶体管提供加热驱动信号，使继电器触点接通，加热盘与电源形成回路，开始加热工作。

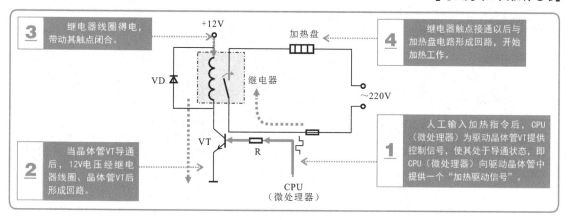

特别提醒

由于加热盘的供电电压较高，因此检修加热盘时，应先检测加热盘本身及控制电路是否正常。若经检测均正常，再对加热盘的供电电压进行检测。检测时应注意安全，防止造成人员触电事故。

加热盘控制电路中所采用的驱动晶体管大多数为NPN型，在更换驱动晶体管前，仔细核对其型号及引脚排列顺序。

4. 保温控制电路

通常在电饭煲的电路中找到双向晶闸管及其驱动电路，便找到了电饭煲保温控制电路。

【电饭煲的保温控制电路】

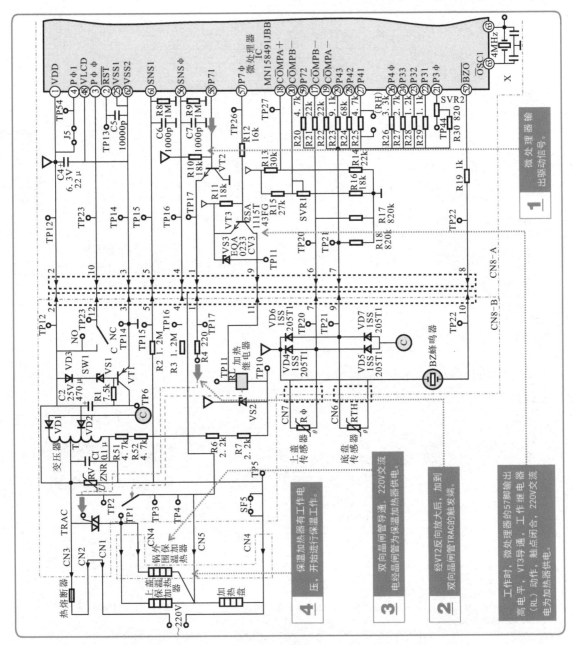

在电饭煲工作时，微型计算机控制电路时刻检测电饭煲的工作情况，并能根据传感信息判断电饭煲是否进行关机保护。微处理器根据人工操作指令，输出控制信号，并通过显示电路显示当前工作状态，同时能够自动判断电饭煲的故障部位，进行故障代码的显示等。

微型计算机控制电路由低压整流滤波电路送入的+5V电压驱动工作，微处理器控制芯片的VDD端为电源供电端。

【电饭煲的微型计算机控制电路】

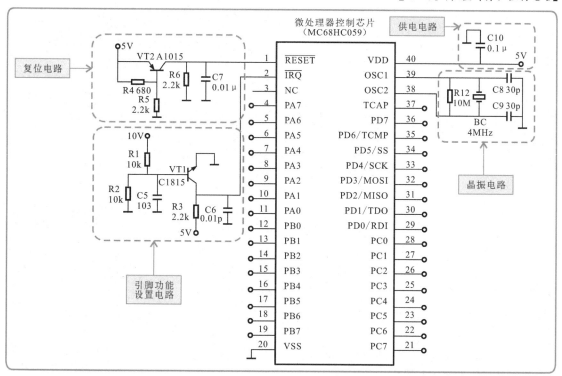

在采用微处理器实现整机加热、保温控制的电饭煲电路中，由微处理器控制电路接收人工指令信号，识别处理后为电饭煲的各个电路提供控制/驱动信号，使其正常工作。

微处理器正常工作必须满足直流供电、复位信号、晶振信号三大基本条件，其中任何一个不正常，即使微处理器本身正常，也将无法进入工作状态。

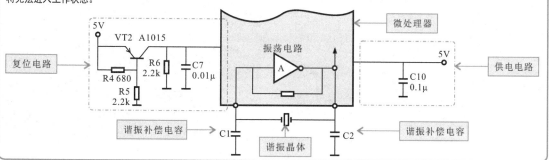

8.3.1 电饭煲的拆卸方法

1. 电饭煲底座的拆卸

电饭煲的底座通常是由螺钉进行固定的，在拆卸底座时，应先使用合适的工具将其取下，然后再取下底座部分。

【电饭煲底座的拆卸方法】

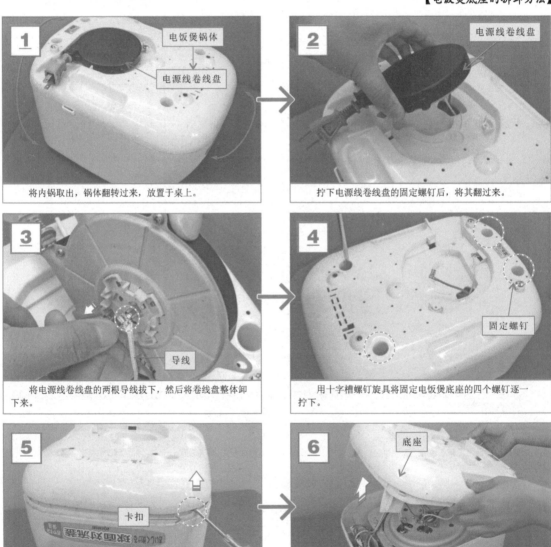

1 将内锅取出，锅体翻转过来，放置于桌上。

电饭煲锅体
电源线卷线盘

2 拧下电源线卷线盘的固定螺钉后，将其翻过来。

电源线卷线盘

3 将电源线卷线盘的两根导线拔下，然后将卷线盘整体卸下来。

导线

4 用十字槽螺钉旋具将固定电饭煲底座的四个螺钉逐一拧下。

固定螺钉

5 底座与锅体之间通过卡扣固定，用一字槽螺钉旋具从侧面撬开卡扣。底座与锅体都用塑料制成，撬开卡扣的过程要小心，避免底座或者锅盖被撬坏。

卡扣

6 撬开底座的全部卡扣之后卸下整个底座。

底座

在拆卸电饭煲的电路板时，应先对其固定方式进行判断，将固定卡扣、固定螺钉或是连接线取下、断开，然后再使用拆卸工具取下固定部件。

【电饭煲电路板的拆卸方法】

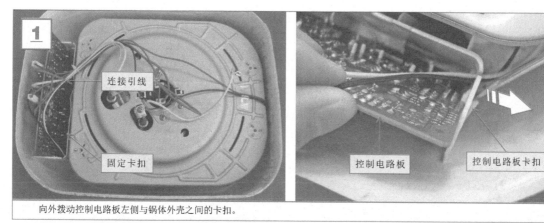

向外拨动控制电路板左侧与锅体外壳之间的卡扣。

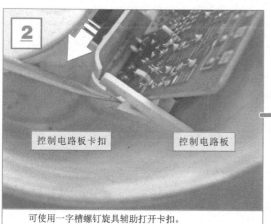

可使用一字槽螺钉旋具辅助打开卡扣。

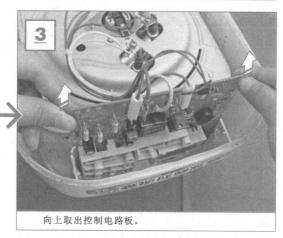

向上取出控制电路板。

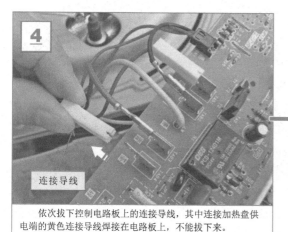

依次拔下控制电路板上的连接导线，其中连接加热盘供电端的黄色连接导线焊接在电路板上，不能拔下来。

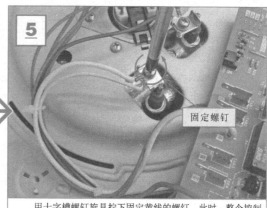

用十字槽螺钉旋具拧下固定黄线的螺钉。此时，整个控制电路板就可以取下来。

电饭煲的加热装置较为集中，应先明确其固定位置和方式，然后使用适当的拆卸工具将其取下。

【电饭煲加热装置的拆卸方法】

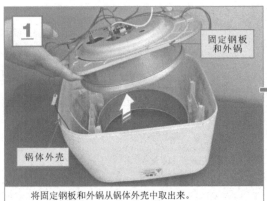

将固定钢板和外锅从锅体外壳中取出来。

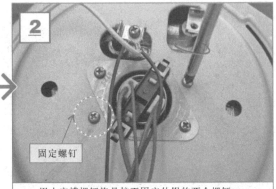

用十字槽螺钉旋具拧下固定外锅的两个螺钉。

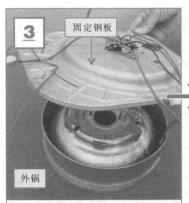

　　拧下固定螺钉之后，分离外锅与固定钢板。

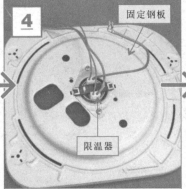

　　找到固定在钢板中间的限温器，为拆卸做好准备。

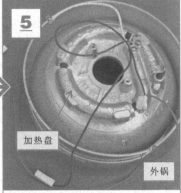

　　分离出外锅后可以看到，加热盘铸在外锅底部。

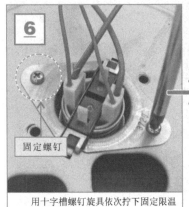

　　用十字槽螺钉旋具依次拧下固定限温器的两个螺钉。

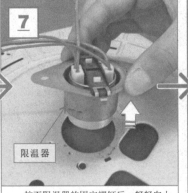

　　拧下限温器的固定螺钉后，轻轻向上提起即可卸下限温器。

　　分离外锅和加热盘，至此加热装置部分拆卸完成。

限温器用于检测电饭煲的锅底温度，若电饭煲出现不加热、煮不熟饭、一直加热等故障，在排除供电异常后，则需要对限温器进行检修。可通过检测限温器供电引线间和控制引线间的阻值，来判断限温器是否损坏。

【电饭煲限温器的检修方法】

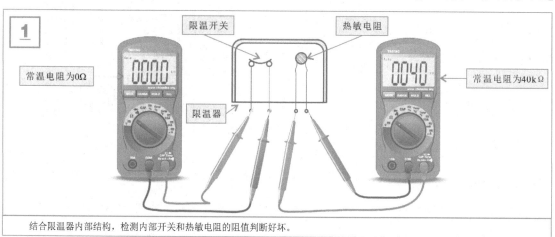

结合限温器内部结构，检测内部开关和热敏电阻的阻值判断好坏。

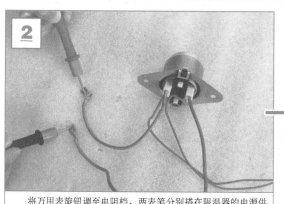

将万用表旋钮调至电阻档，两表笔分别搭在限温器的电源供电引线端，对内部限温开关进行检测。

观察万用表显示屏，读出实测数值为0Ω。

4

将万用表的两表笔分别搭在热敏电阻的两引线端，对内部热敏电阻进行检测。

5

观察万用表显示屏，读出实测数值为41.2kΩ。

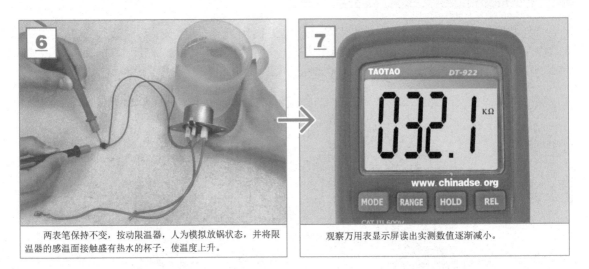

两表笔保持不变，按动限温器，人为模拟放锅状态，并将限温器的感温面接盛有热水的杯子，使温度上升。

观察万用表显示屏读出实测数值逐渐减小。

特别提醒

　　本例中，实测限温器内热敏电阻的阻值为41.2kΩ；放锅时感温面接触热源时阻值相应减小。若不符合该规律，则说明限温器损坏。

▶ 8.3.3 电饭煲加热盘的检修

　　加热盘是用来为电饭煲提供热源的部件。若电饭煲出现不加热或加热不良的故障时，在确保供电、限温器均良好的情况下，则需要对加热盘进行检修。可通过使用万用表检测加热盘两端的阻值，来判断加热盘是否可以正常工作。

　　正常情况下，加热盘两供电端之间的组织有十几至几十欧姆的阻值，若测得阻值过大或过小，都表示加热盘可能损坏，应以同规格的加热盘进行代换。

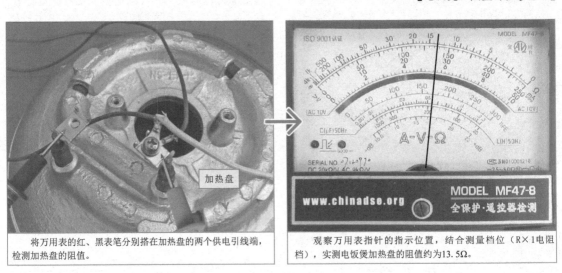

将万用表的红、黑表笔分别搭在加热盘的两个供电引线端，检测加热盘的阻值。

观察万用表指针的指示位置，结合测量档位（R×1电阻档），实测电饭煲加热盘的阻值约为13.5Ω。

保温加热器是电饭煲中的保温装置，若电饭煲出现保温效果差或不保温的故障，应重点对保温加热器进行检修。可借助万用表检测保温加热器的阻值。

【电饭煲保温加热器的检修方法】

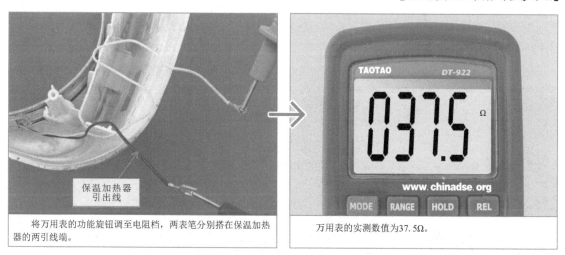

将万用表的功能旋钮调至电阻档，两表笔分别搭在保温加热器的两引线端。

万用表的实测数值为37.5Ω。

特别提醒

本例中，万用表实测保温加热器的阻值为37.5Ω，若阻值远大于或小于该阻值，则表明保温加热器有可能损坏。

▶ **8.3.5** **电饭煲操作控制电路板的检修**

操作控制电路板用于对电饭煲的加热、保温工作进行控制及显示。当操作控制电路板上有元器件损坏时，常会引起电饭煲出现工作失常、操作按键不起作用、煲饭夹生、中途停机等故障，可借助万用表检测操作控制电路板的供电条件、主要元器件，如液晶显示屏、操作按键、控制继电器、微处理器和触发双向晶闸管等。

【电饭煲操作控制电路板的检修方法】

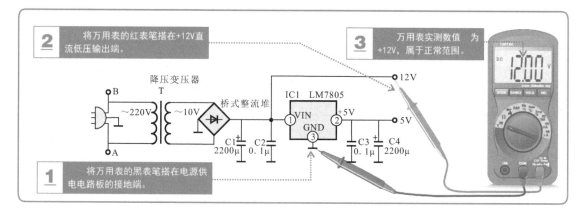

2 将万用表的红表笔搭在+12V直流低压输出端。

3 万用表实测数值为+12V，属于正常范围。

1 将万用表的黑表笔搭在电源供电电路板的接地端。

在确保操作控制电路板供电正常的前提下，可对怀疑的部件进行检测，如显示不良，则在排除外围因素后，需要对液晶显示屏进行检测。

液晶显示屏主要用于显示电饭煲当前工作状态，本身损坏的概率不高，在大多情况下由液晶显示屏与电路板之间的连接线脱落等引起，因此在实际检测前，应先检查液晶显示屏与电路板的连接是否正常。若确认连接正常后，可用万用表检测液晶显示屏输出引线中各引脚的对地阻值来判断是否存在故障。

【电饭煲液晶显示屏的检修方法】

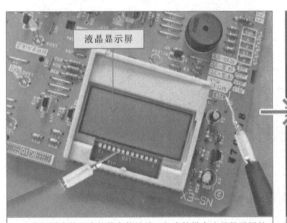

将万用表的黑表笔搭在接地端，红表笔搭在液晶显示屏的9脚上。

观察万用表指针位置，结合测量档位（R×1电阻档），实测阻值为34Ω，属于正常范围。

特别提醒

判断液晶显示屏是否正常时，需将实测液晶显示屏输出引线中各引脚的对地阻值与标准值（可查询维修手册或选择已知良好的同型号电饭煲进行对照检测）比较，若偏差较大，则说明液晶显示屏存在异常，应进行修复或更换。液晶显示屏各引脚的对地阻值见表。

引脚	对地阻值/Ω	引脚	对地阻值/Ω	引脚	对地阻值/Ω
1	34	6	34	11	35
2	35	7	34	12	36
3	34	8	34	13	36
4	34	9	34	—	—
5	34	10	34	—	—

▶ **8.3.7** **电饭煲操作按键的检修** ▶▶

操作按键主要用来实现对电饭煲各种功能指令的输入，当操作失灵时，需要重点检测操作按键部分。

检测电饭煲中操作按键时，可借助万用表检测操作按键在未按下和按下两种状态下的通/断情况。操作按键在未按下时阻值应为无穷大，按下后阻值应为0Ω。

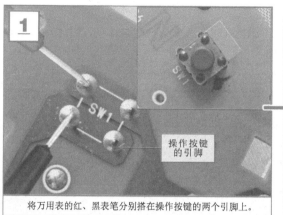

将万用表的红、黑表笔分别搭在操作按键的两个引脚上。

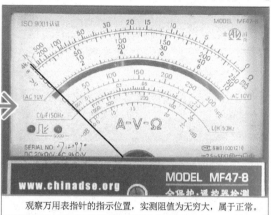

观察万用表指针的指示位置，实测阻值为无穷大，属于正常。

保持万用表的红、黑表笔位置不动，按下操作按键，内部触点闭合。

观察万用表指针的指示位置，实测阻值应为0Ω，属于正常状态。

▶ 8.3.8 电饭煲蜂鸣器的检修

　　蜂鸣器用来发出提示声，提示用户电饭煲的状态。若蜂鸣器损坏，将导致电饭煲自动提示功能失常，可借助万用表进行检测判断。

【电饭煲蜂鸣器的检修方法】

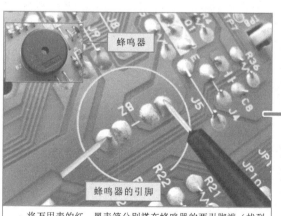

将万用表的红、黑表笔分别搭在蜂鸣器的两引脚端（找到电路板上蜂鸣器的引脚焊点）。

万用表实测阻值为900Ω左右，且在红、黑表笔接触电极的一瞬间，蜂鸣器会发出声响，属于正常状态。

微处理器是操作控制电路板中的核心部件，检测时，一般是检测其各个引脚的对地阻值。以微处理器的75脚为例进行说明。

【电饭煲微处理器引脚对地阻值的检修方法】

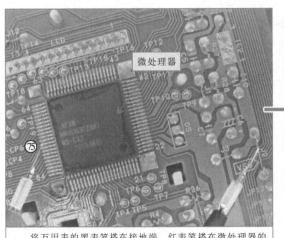

微处理器

⑦⑤

将万用表的黑表笔搭在接地端，红表笔搭在微处理器的75脚。

观察万用表指针的指示位置，结合测量档位（R×1电阻档），实测数值为30Ω左右，属于正常范围。

特别提醒

将实测结果与标准值（查询集成电路手册）对照，若偏差较大，则多为微处理器损坏，应用同型号的微处理器芯片进行更换。典型电饭煲中微处理器各引脚的对地阻值见表。

引脚	对地阻值/Ω	引脚	对地阻值/Ω	引脚	对地阻值/Ω	引脚	对地阻值/Ω	引脚	对地阻值/Ω
1	34	18	18.5	35	38	52	34	69	0
2	35	19	18.5	36	∞	53	34	70	0
3	34	20	18.5	37	38	54	35	71	30
4	34	21	∞	38	38	55	33	72	30
5	34	22	18	39	37	56	34	73	30
6	27	23	18	40	0	57	33	74	30
7	27	24	0	41	36	58	33	75	30
8	27	25	24	42	36	59	∞	76	30
9	27	26	24	43	0	60	33	77	30
10	27	27	13.5	44	35	61	∞	78	30
11	21	28	25	45	35	62	33	79	29
12	21	29	25	46	34	63	∞	80	30
13	26	30	25	47	34	64	∞	81	30
14	∞	31	13	48	34	65	32	82	29
15	19	32	38	49	34	66	32	83	29
16	19	33	38	50	34	67	31	84	∞
17	19	34	38	51	34	68	∞		

控制继电器也是操作控制电路板中的重要部件，主要用于对加热盘的供电进行控制。若控制继电器损坏，将直接导致加热器无法工作，电饭煲不能加热的故障。

判断控制继电器是否正常，可借助万用表检测其线圈和两触点间的阻值。

【电饭煲控制继电器的检修方法】

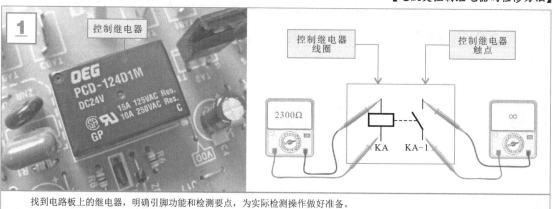

找到电路板上的继电器，明确引脚功能和检测要点，为实际检测操作做好准备。

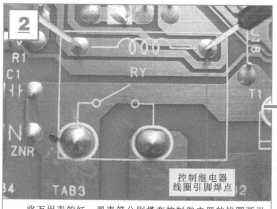

将万用表的红、黑表笔分别搭在控制继电器的线圈两引脚端。

观察万用表指针的指示位置，结合实际测量档位，实测数值为2300Ω，属于正常范围。

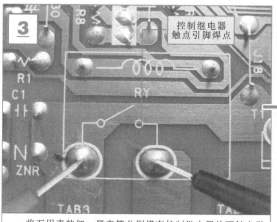

将万用表的红、黑表笔分别搭在控制继电器的两触点引脚端。

常态下，控制继电器线圈未通电，触点处于打开状态，万用表检测两触点间的阻值应为无穷大。

第9章
加湿器的检修

9.1 超声波型加湿器的结构组成

9.1.1 超声波型加湿器的整体结构

加湿器是一种用于增加环境湿度的电器产品。目前，市场流行的家用加湿器品种和型号非常多，具体功能细节也各不相同。

以最常见的超声波型加湿器为例，其工作原理是利用超声波换能器件，将水雾化为1～10μm的超微粒子，再通过风扇将水雾扩散到空气中，使空气湿度增加并伴有丰富的负离子，不仅能增加空气的湿度，还能使空气变得清新。

虽然超声波型加湿器的外观多种多样，但是大都由两个大件构成，即上部的储水罐和底部的超声波发生电路及雾化器。

【典型超声波型加湿器的整体结构】

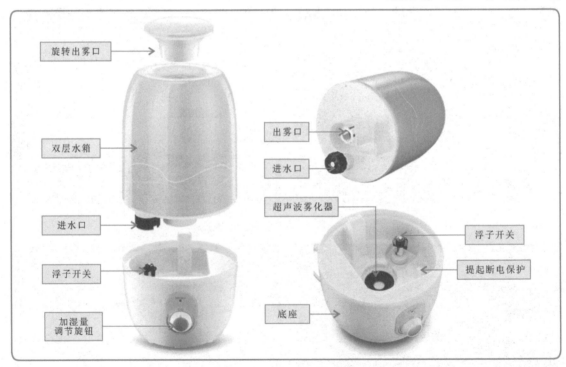

电路板、超声波雾化器都安装在下部底座内，在上下部的衔接处设有水罐检测开关，如果水罐没装好，则电路不会工作。水罐内还设有水位检测开关，如果无水或水位很低，则电路也不能工作。水位检测多采用永磁体和干簧管（开关）的组合来完成。加湿器开始工作时，永磁体浮在水中，随着水量的减少，永磁体会随水位向下移动，水快消耗完时，由于永磁体的移动使干簧管断开，振荡电路停振进行保护，待重新加水后，振荡电路又恢复正常工作。

1. 超声波雾化器

超声波雾化器是超声波型加湿器的主要器件，由超声波雾化片及其他配件组成。其中，超声波雾化片是一个压电陶瓷片，固有振荡频率约为1.7MHz，当振荡电路产生的振荡信号加到超声波雾化片的两极时，会激励陶瓷片产生强烈的机械振荡，将水击打成雾，水雾被风扇吹到室内空气中，增加空气湿度。

【超声波雾化片】

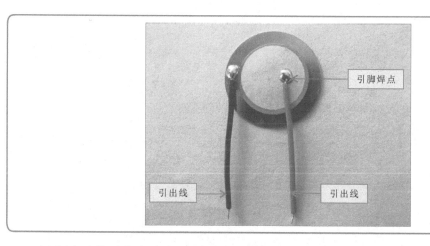

引脚焊点

引出线   引出线

超声波雾化片装到加湿器之前，要先安装到一个牢固的金属或塑料外壳中以增强机械强度，然后通过引线接到驱动电路中，由驱动电路（振荡器）提供高强度的振荡信号。

【超声波雾化器】

锆钛酸铅压电陶瓷（PZT）是在氧化锆（ZrO_2）、氧化铅（PbO）及氧化钛（TiO_2）等的粉末原料中，按一定比例添加微量添加剂后，经多道加工程序完成粉料制作，再利用油压机压制成各种规格的形状后，在高温下烧制成形，再用电镀或不锈钢贴片法完成电极极化工作后制成的。

通常一个雾化单元的雾化量是有限的，约为0.3L，功率为0.25W。如果需要增加雾化量，则可通过多组雾化片并联的方法实现。

2. 振荡电路

　　为超声波雾化片提供振荡信号的电路通常是一个振荡电路单元，该单元是由直流电源供电的晶体管振荡器，可以产生几十伏至200V的振荡电压。振荡晶体管和超声波雾化片都需要散热，因而都应安装到散热片上，以保证二者能长期正常工作。为振荡电路提供直流电压的电源是一个开关电源，被制作在一个独立的电路板上。

【超声波型加湿器的振荡电路和开关电源电路板】

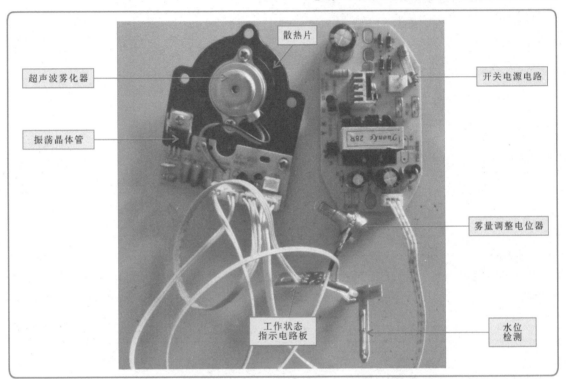

散热片

超声波雾化器

振荡晶体管

开关电源电路

雾量调整电位器

工作状态指示电路板

水位检测

特别提醒

　　超声波型加湿器对水质有一定的要求，如果水中含有钙离子，则雾化后会产生钙化物，即"白粉"现象，这是这种加湿器的缺点。为了解决这个缺点，在超声波型加湿器中增加一个离子化银软化盒，使水在雾化之前先注入离子化银的通道（软化盒）对水进行软化处理，这样就可以解决出现"白粉"的问题。

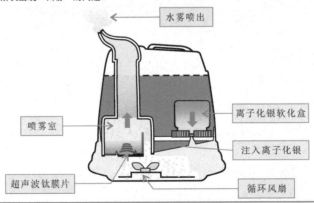

水雾喷出

离子化银软化盒

喷雾室

注入离子化银

超声波钛膜片

循环风扇

▶ 9.2.1 超声波型加湿器的整机工作原理

超声波型加湿器工作时，在电路作用下，超声波雾化器将水转化为水雾并从出口送出。

【超声波型加湿器的整机工作原理】

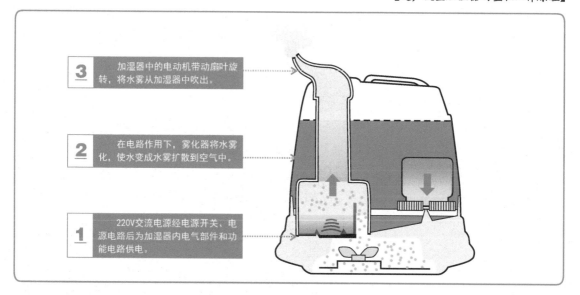

3 加湿器中的电动机带动扇叶旋转，将水雾从加湿器中吹出。

2 在电路作用下，雾化器将水雾化，使水变成水雾扩散到空气中。

1 220V交流电源经电源开关、电源电路后为加湿器内电气部件和功能电路供电。

▶ 9.2.2 超声波型加湿器的电路原理

典型超声波型加湿器的电路是由电源供电电路、水位检测和雾量控制电路、振荡电路和超声波雾化器等部分构成的。

【超声波型加湿器（ZS2—45型）的电路原理】

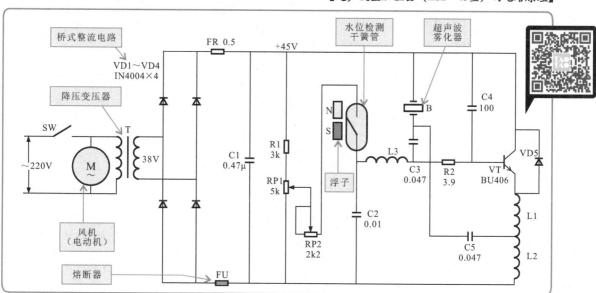

（1）电源供电电路。220V交流电压经过电源开关SW为风扇电动机和降压变压器T供电，经降压变压器降压后，由二次绕组输出38V的交流低压，再经桥式整流电路（VD1～VD4）变成直流低压。该电压经保险电阻FR（0.5Ω）和C1（0.47μF）滤波后为振荡电路供电。

（2）振荡电路。振荡电路的核心是以晶体管VT（BU406）为核心的超声波振荡电路。振荡电路的输出加到超声波雾化器B的两端。

（3）水位检测和雾量控制电路。电源电路中整流和滤波后的直流电压（约45V）经R1和RP1分压后，再经过可变电阻RP2得到一个直流电压。该电压经水位检测开关（干簧管）为振荡电路（VT）供电。

有水时，干簧管内的开关接通，有偏压加到振荡晶体管VT；若无水，则干簧管内的开关断开，无偏压加给振荡晶体管VT，VT不工作。

上图中，RP1是振荡偏压调整电位器。若RP1上调，偏压升高，则振荡幅度增强；反之，振荡幅度减弱。用户可根据需要对雾量进行微调。VD5跨接在振荡晶体管VT的集电极和发射极之间，可吸收振荡时发射极产生的正向脉冲，起保护作用。

康福尔SPS—818型加湿器的电路是由电源供电电路、水位检测电路和振荡电路等部分构成的。

【康福尔SPS—818型加湿器的电路原理】

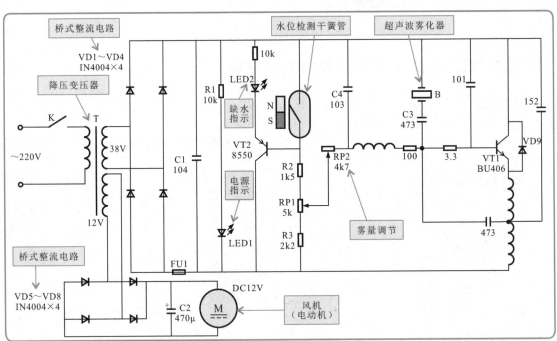

（1）电源供电电路。电源供电电路是由降压变压器和两组桥式整流电路等构成的。变压器的二次侧输出有两组，分别输出38V和12V交流低压，分别经各自的桥式整流电路和滤波电容输出直流电压。其中，由VD1～VD4整流、C1滤波后输出约45V直流电压，并由R1限流驱动发光二极管LED1，指示电源的工作状态。由VD5～VD8整流输出12V直流电压，经C2滤波后直接为风扇电动机供电。

（2）水位检测和开关电路。水位检测由永磁体（磁环浮子）和干簧管组成。有水时，磁环作用于干簧管，使之导通。R2、RP1和R3构成分压电路。RP1的滑动触点输出直流偏压为振荡晶体管VT1提供偏压，使之振荡。若缺水，则干簧管内的开关断开，振荡电路无偏压而停振保护。同时，VT2导通，LED2有电流流过发光，用于缺水指示。

（3）超声波振荡电路。在超声波振荡电路中，串接在振荡器晶体管基极电路中的RP2（可调电阻）可调整振荡晶体管的基极电流，从而调整振荡器的振荡幅度。电阻小，则振荡幅度大；电阻大，则振荡幅度小。振荡信号经C3耦合到超声波雾化器上，通过超声波雾化器的谐振对水进行雾化处理。

琦丽加湿器也由电源供电电路、水位检测和雾量控制电路及振荡电路等部分构成。

【琦丽加湿器的电路原理】

（1）电源供电电路。220V交流电压经熔断器FU1和开关K为风扇电动机和降压变压器供电。降压变压器T将220V交流电压降为38V交流低压，再经桥式整流电路输出脉动直流，经C1滤波后，输出稳定的直流电压，为振荡电路供电。

（2）水位检测和雾量控制电路。水位检测是通过接在晶体管VT1基极上的探针电极来实现的。若加湿器内有水，则电极探针通过水与电路的正极相连，VT1的基极为高电平，VT1导通，于是R1、R2分压电路分压点的直流电压经过R3、RP1和晶体管VT1的集电极供电，VT1的发射极为振荡电路晶体管VT2的基极提供偏压，使VT2导通。

如果加湿器内缺水，则电极探针悬空，晶体管VT1的基极为低电平，晶体管VT1截止，振荡晶体管VT2基极无偏压，则不导通。

（3）振荡电路。振荡电路的核心是晶体管VT2，其和外围元器件构成电容三点式振荡器。振荡信号经C2耦合到雾化器B的引线上产生谐振。其振荡幅度受基极电流的控制。在振荡晶体管VT2的基极电路中串接可变电阻RP2，调节RP2的阻值可改变基极电流，从而改变振荡器的振荡幅度。

9.3 超声波型加湿器的检修

9.3.1 超声波型加湿器电源电路的检修

超声波型加湿器的电源电路多采用降压变压器降压、桥式整流电路（4个整流二极管）整流、电容器滤波的方式输出直流电压，为振荡电路供电。

若开机全无动作，指示灯不亮，则应检测电源电路中的各主要部件。

1. 降压变压器的检测

降压变压器正常工作时，输入端电压一般为220V交流，输出电压为交流低压，有的为38V、50V、90V。

【降压变压器的实物外形和电路图形符号】

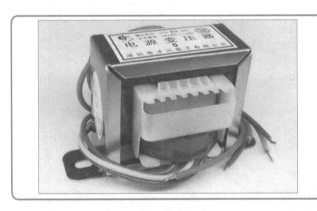

降压变压器一般可采用在路检测电压或开路检测绕组阻值的方法判断好坏。

在路检测时，可检测输入和输出电压是否为额定值。若输入正常，无输出或输出不正常，则说明变压器损坏。

开路检测时，用万用表的电阻档检测变压器一次绕阻和二次绕组的阻值。

【降压变压器开路检测绕组阻值的方法】

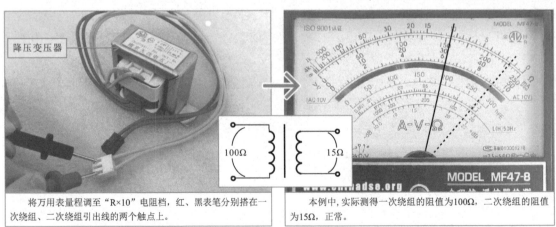

将万用表量程调至"R×10"电阻档，红、黑表笔分别搭在一次绕组、二次绕组引出线的两个触点上。

本例中，实际测得一次绕组的阻值为100Ω，二次绕组的阻值为15Ω，正常。

2.整流二极管的检测

可以在通电的条件下检测整流电路的输出来判别二极管是否有故障。一般可在滤波电容器的两端检测桥式整流电路的输出电压。有交流电压输入，则有直流电压输出（若整流电路输入为38V交流，则输出约为40V直流）。若无输出，则整流电路有故障。

判断整流二极管的好坏还可以将其从电路板上取下来，用万用表的电阻档（R×1k）检测正、反向阻值。通常正向阻值为3～10kΩ，反向阻值为无穷大。如果检测不符合此值，则表明整流二极管有故障，应更换同型号的二极管。

 3.滤波电容器（电解电容器）的检测

可以借助数字万用表定量检测滤波电容器的电容量来判断其好坏。正常情况下，滤波电容器电容量的测量值应与其标称值基本相近或相符。滤波电容器长期（3～5年）使用后，会出现"老化"现象，导致电容量下降，影响电气装置的工作。因此，判定电容器的老化程度，及时更换，防患于未然，是十分重要的。一般电容器的电容量比额定电容量下降10%之后，就应该予以更换。

 4.开关变压器的检测

开关变压器，即应用在开关电源中的变压器，是一种高频开关脉冲变压器，工作频率比较高。通常，开关变压器具有多个绕组，即一次绕组、正反馈绕组和多个二次绕组。可先从外观检查变压器是否有击穿损坏的痕迹，再用万用表检测每个绕组的电阻值。若有不良情况，则说明开关变压器有故障，应当更换。

【开关变压器】

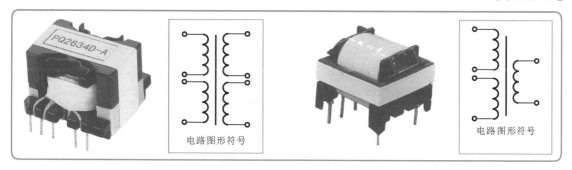

电路图形符号　　　　电路图形符号

　　超声波型加湿器所产生的水雾靠风扇吹出混入空气中。如果风扇电动机不转，则会影响加湿器效果。超声波型加湿器多使用单相交流罩极式电动机。这种电动机结构简单，使用方便。还有些加湿器使用 + 12V直流电动机。

【超声波型加湿器中交流电动机的结构】

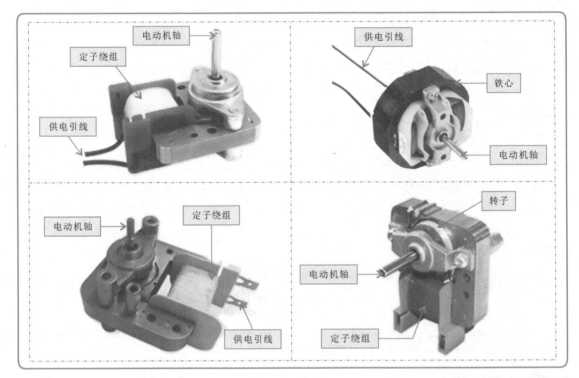

【加湿器中直流电动机】

特别提醒

电动机的检查方法：
◆ 给电动机加上电源观察是否运转正常。
◆ 若加电后电动机运转不正常，则检查转子安装是否到位。用手转动电动机轴，其应能自由旋转，观察是否有摩擦的情况，轴承是否存在损坏、卡死情况。
◆ 检查定子绕组是否有短路或断路情况。
◆ 检查引线的连接情况。

超声波雾化器是超声波型加湿器的核心部件。若供电正常、显示正常，而无水雾喷出，则往往是雾化器有故障，可用万用表检测阻值的方法判断其好坏。

【超声波雾化器的检修方法】

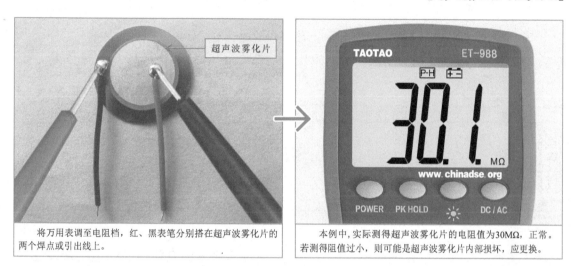

| 将万用表调至电阻档，红、黑表笔分别搭在超声波雾化片的两个焊点或引出线上。 | 本例中，实际测得超声波雾化片的电阻值为30MΩ，正常。若测得阻值过小，则可能是超声波雾化片内部损坏，应更换。 |

特别提醒

超声波雾化器是由外壳固定架和压电陶瓷片等部分构成的。通常，出现陶瓷片碎裂、损坏、脱胶、焊点脱落、引线断路等情况都需要更换新的雾化器。

若超声波雾化器正常，则应检测相关的振荡电路部分。

【超声波雾化器和振荡电路板的结构】

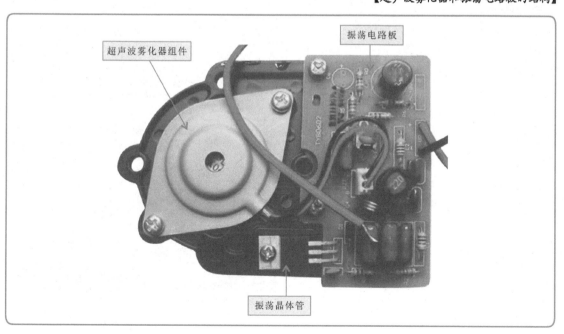

超声波雾化器组件

振荡电路板

振荡晶体管

区分雾化器有问题还是振荡电路有故障最直接的方式是检查振荡电路输出的信号波形幅度，正常的信号波形幅度可达100～200V。若无信号，再进一步检查振荡晶体管和为振荡电路供电的电源，特别是为振荡晶体管提供基极偏压的电路。

雾化量调整电位器损坏也会引起电路不振荡的故障。

▶ 9.3.4 超声波型加湿器振荡晶体管的检修

在加湿器电路中，振荡晶体管多采用NPN型晶体管BU406，它是一种大功率晶体管，集电极与发射极间的耐压不低于200V，I_C=7A，f_t=10MHz，$P_\triangle$=60W，有些电路对耐压要求会更高。

【振荡晶体管BU406（NPN型晶体管）】

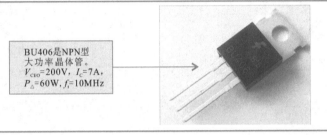

BU406是NPN型大功率晶体管。
V_{CEO}=200V，I_C=7A，
$P_\triangle$=60W，f_t=10MHz

判别加湿器电路中振荡晶体管的好坏时，可用万用表的电阻档（R×1k）测量基极与集电极和发射极之间阻值。

【振荡晶体管BU406的检修方法】

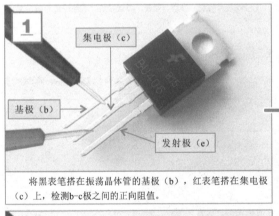

1 集电极（c）
基极（b）
发射极（e）

将黑表笔搭在振荡晶体管的基极（b），红表笔搭在集电极（c）上，检测b-c极之间的正向阻值。

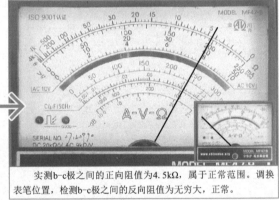

实测b-c极之间的正向阻值为4.5kΩ，属于正常范围。调换表笔位置，检测b-c极之间的反向阻值为无穷大，正常。

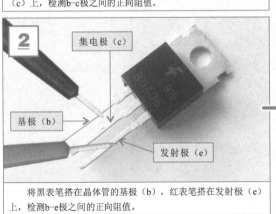

2 集电极（c）
基极（b）
发射极（e）

将黑表笔搭在晶体管的基极（b），红表笔搭在发射极（e）上，检测b-e极之间的正向阻值。

实测b-e极之间的正向阻值为8kΩ，正常。调换表笔测其反向阻值为无穷大，正常。

通常，BU406晶体管的基极与集电极之间有一定的正向阻值（3～10kΩ），反向阻值为无穷大；基极与发射极之间有一定的正向阻值（3～10kΩ），反向阻值为无穷大；集电极与发射极之间的正、反向阻值均为无穷大。

在实际应用电路中，也有一些加湿器的振荡晶体管采用2SD50，其性能与BU406相近，外形不同，但是检测方法相同。

▶ 9.3.5 超声波型加湿器开关电源电路板的检修

加湿器的开关电源电路板是由桥式整流电路、开关变压器、二次侧整流滤波电路、光耦合器和稳压控制晶体管等部分构成的。

【加湿器中的开关电源电路板】

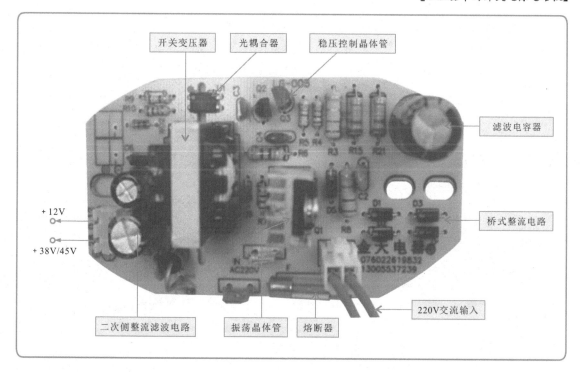

如果怀疑开关电源有故障，则可对开关电源电路板进行检测。断开输出引线插头，接通220V交流电源，检查直流输出。该电源有两组直流输出：一组输出+12V，为风扇电动机供电；另一组输出+38V或+45V，为振荡电路供电。

若只有一路输出正常，则为另一组二次侧输出部分的整流二极管或滤波电容器故障，应进一步检查相关的整流二极管和滤波电容器。

若两路直流输出均为0V，则表明开关振荡电路或+300V整流滤波电路有故障。这种情况可先检查+300V滤波电容器两端是否有+300V直流电压，若无电压，则检查交流220V输入线或桥式整流电路（整流二极管）。

如果桥式整流输出电压为+300V而无直流输出，则应重点检查开关晶体管。开关晶体管多采用场效应晶体管，可用同型号或性能更好的场效应晶体管代换。

如果输出的直流电压不稳，则应检查或更换光耦合器和稳压控制晶体管。

第10章
豆浆机的检修

 10.1 豆浆机的结构组成

▶ **10.1.1 豆浆机的整体结构**

　　豆浆机是用于制作豆浆和稀饭等食品的便携式电器，具有加热、粉碎、烧煮等功能，是人们生活中常用的小家电产品。

　　豆浆机主要是由罐体、电动机驱动的刀头、加热器（管）、温度检测传感器（或温控器）、水位检测电极（防烧干功能）、防溢检测电极、电源供电电路、控制电路及操作显示电路等部分构成的。豆浆机多采用220V交流电源供电。

【典型豆浆机的基本结构】

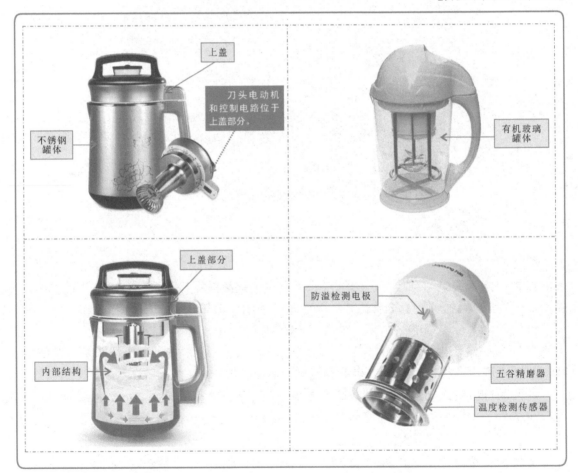

　　豆浆机的结构有两种：一种是不锈钢筒；另一种是有机玻璃筒。电路刀头和驱动电动机等都安装在豆浆机的上盖部分。

　　豆浆机的主要部件是加热器（加热管）、打浆电动机、电源变压器、桥式整流器、三端稳压器、控制继电器、蜂鸣器、驱动晶体管、二极管、发光二极管（LED）、微处理器、运算放大器、门电路和计数分频器等。由于不同型号豆浆机采用的控制方式不同，因此所用电路器件的规格型号也是不同的。

　　典型豆浆机的电路板是由控制电路板和操作显示板构成的。

【典型豆浆机的电路板结构】

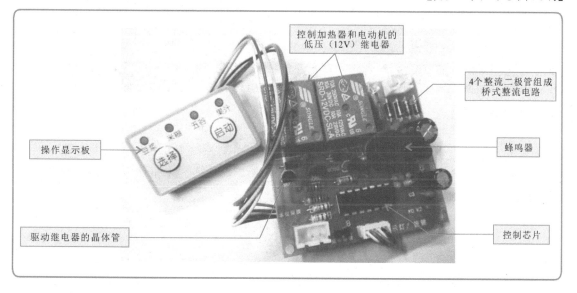

　　美的豆浆机的电路板，是由降压变压器、主控电路板和操作显示电路板等部分构成的，安装在豆浆机的上部。

【美的豆浆机的电路板】

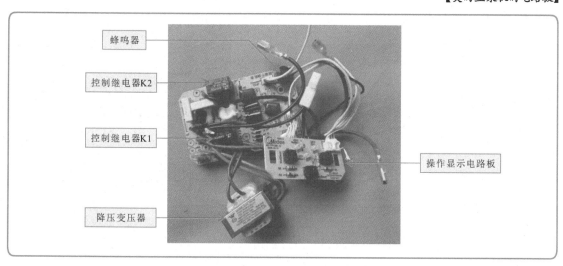

　　典型豆浆机中，电动机、电源降压变压器通过引线与控制电路板连接。

10.2 豆浆机的工作原理

10.2.1 豆浆机的整机工作原理

豆浆机的整机电路是以微处理器芯片为核心的自动控制电路，温度检测、水位检测（下限检测防干烧，上限检测又称为防溢检测）和控制（加热管、刀头电动机）都是由微处理器控制的。

【豆浆机的整机电路框图】

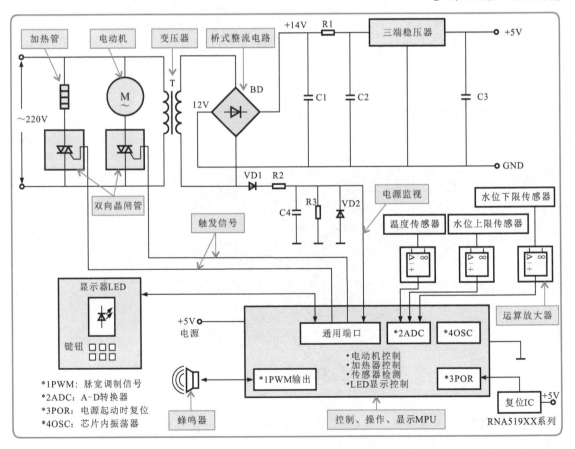

加热管和电动机接在220V交流供电电路中与双向晶闸管串联（或与继电器触点串联），双向晶闸管受微处理器的控制，即微处理器输出触发脉冲加到双向晶闸管的触发端，控制其导通状态。双向晶闸管导通，电动机或加热管得电工作。微处理器根据电源的过零脉冲输出触发脉冲。

（1）电源电路。220V交流电源经降压变压器T变成低压12V，送至桥式整流堆BD交流输入端，经整流后输出+14V的直流电压，再经π形滤波后（RC），由三端稳压器输出稳定的+5V电压为微处理器供电。

（2）电源同步脉冲（过零脉冲）产生电路。电源变压器二次输出电压加到桥式整流电路BD的同时，经VD1整流和R2限流形成50Hz脉动直流电压作为电源同步脉冲（过零脉冲）送到微处理器中，作为电源的同步基准信号。微处理器根据过零脉冲的相位输出双向晶闸管的触发脉冲，触发双向晶闸管，控制电动机或加热管工作。

（3）微处理器（MPU）控制电路。微处理器是一种按照程序工作的智能控制集成电路，由运算器、控制器、存储器和输入/输出接口电路等构成。安装前，先将工作程序写入芯片中。上图中的芯片主要由通用接口输出控制信号完成刀头控制和加热管控制。

微处理器的ADC接口电路接收温度传感器、水位上限传感器、水位下限传感器的信号，经过由运算放大器构成的外部接口电路为微处理器提供检测信息。

+5V为微处理器（MPU）提供电源，同时经复位芯片为MPU提供复位信号，可以实现MPU清零。

微处理器芯片内设有振荡器，可产生MPU所需的时钟信号。

（4）操作显示电路。操作显示电路是由操作按键和显示电路构成的。操作按键为微处理器提供人工指令，用启动、加热、粉碎和停机等指令键输入指令信息。显示电路可采用发光二极管，也可采用液晶显示屏显示豆浆机的工作状态。

▶ 10.2.2 豆浆机的电路原理 ≫

豆浆机的制浆过程是根据人工制浆过程编制程序的执行过程，即浸泡→加热到80℃→粉碎→煮熟等基本过程。

由于黄豆在加热和粉碎过程易产生泡沫溢出，因此在实际工作过程中要进行温度检测和防溢检测，加热到80℃后浸泡一段时间再粉碎，在粉碎过程中，电动机分数次旋转刀头，中间要停顿数次以减少泡沫的产生，然后对豆浆进行间歇加热。在该过程中，防溢电极一直处于检测状态，一旦检测到有溢出的情况会立即停止加热，待泡沫消失后再进行加热，直到豆浆被煮熟。这些过程都是靠预先给微处理器芯片写入工作程序，并结合温度传感器和防溢检测探头的工作状态完成的。

水位检测是保护措施具有防干烧功能。如果检测到无水或缺水，则豆浆机不进行正常加热，同时报警，提示用户检查，以防损坏豆浆机的加热器（管）。

常见豆浆机的控制电路有两种：一种是采用微处理器芯片的控制电路，结构比较简单，微处理器芯片的型号、厂家及内部结构不同，具体电路也有很大差别；另一种是采用运算放大器、门电路和逻辑芯片等构成的控制电路。

1. 采用AT89C2051芯片的豆浆机电路（九阳、苏泊尔）

由芯片AT89C2051构成的豆浆机控制电路主要由主回路、直流电源电路、微处理器控制电路构成。

【采用AT89C2051芯片构成的豆浆机电路原理（九阳、苏泊尔）】

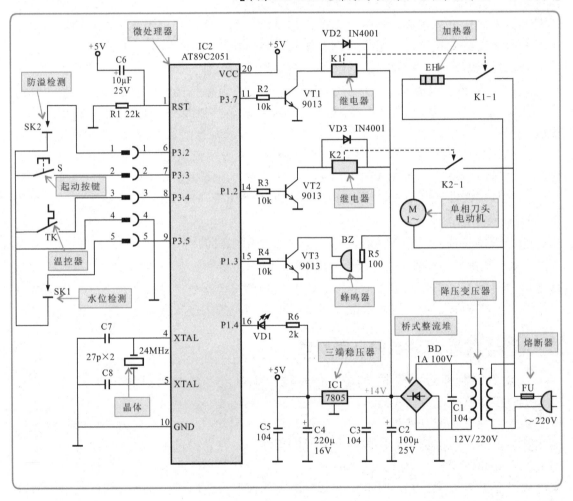

（1）主回路。220V交流电源经继电器的触点（K1-1、K2-1）为加热器(EH)和单相刀头电动机（M）供电。在待机状态，继电器K1、K2均不工作，加热器和电动机也无电，不工作。

（2）直流电源电路。直流电源是为继电器驱动电路和微处理器供电的电路。220V交流电源经熔断器FU和降压变压器T变成12V交流低压，再经桥式整流堆BD变成+14V电压，并由电容器C2、C3滤波后为继电器电路和蜂鸣器电路供电。

+14V直流电压再经三端稳压器IC1（7805）输出稳压后的+5V直流电压。C4、C5为滤波电容。+5V电压加到微处理器IC2的电源供电端VCC，经C6和R1为微处理器的复位端（RST）提供复位脉冲，使微处理器芯片内的程序复位，然后待机工作。

（3）微处理器控制电路。微处理器芯片AT89C2051是20脚的双列直插式集成电路。

【AT89C2051芯片的引脚排列】

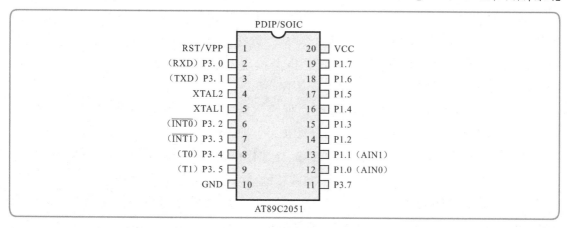

AT89C2051

特别提醒

AT89C2051的引脚功能及特点：
10脚为地线；20脚为电源供电端。
1脚为复位信号输入端。
4、5脚外接晶体与内部电路构成振荡电路为芯片提供时钟信号。
6脚外接防溢检测探头（SK2），水开、泡沫过多时与地端短路。
7脚外接起动开关S，操作时为低电平。
8脚外接双金属片式温控器（TK），当豆浆机内水温超过80℃时短接，为低电平。
9脚外接水位开关（SK1），豆浆机处于无水状态时开路，停止加热进行保护（防干烧）。
11脚为继电器K1驱动端，工作时输出高电平，使VT1导通，K1继电器动作，K1-1触点接通，豆浆机开始加热。
14脚为继电器K2驱动端，当需要粉碎打浆时，输出高电平，使VT2导通，K2继电器动作，K2-1触点闭合，刀头电动机旋转。
15脚为蜂鸣器驱动端，当需要进行报警提示时，输出1000Hz脉冲信号，经VT3放大后驱动蜂鸣器。
16脚为发光二极管驱动端，当需要显示时，为低电平，使VD1导通发光。
AT89C2051微处理器芯片内部具有2KB闪存、128B内部RAM、15个I/O接口、两个16位定时/计数器、一个5向量两级中断结构、一个全双工串行通信接口、内置一个精密比较器，还具有片内振荡器和时钟电路。

（4）工作过程。在豆浆机内放入黄豆，加水（豆量和水量应符合要求），接通电源进入待机状态。

① 待机状态。+5V为微处理器（CPU）供电，同时为CPU的1脚提供复位信号，使复位端瞬时为高电平，复位后，由于R1的放电作用，使1脚电位降低，完成复位，CPU进入初始化。初始化后，CPU的16脚输出低电平，发光二极管发光，进入工作程序。

② 水位检测。开始工作后，CPU检测9脚是否为低电平，如果为低电平，则正常。如果为高电平，则表明罐内无水，CPU的15脚输出指示信号（1000Hz）使蜂鸣器发声，16脚输出间断高电平，驱动发光二极管VD1发光闪烁。

③ 开始加热。当水位符合要求后，CPU的11脚输出高电平，使VT1导通，K1动作，K1-1接通，加热器得电开始工作。此过程为预加热过程。当温度上升到80℃时，停止加热，防止产生大量泡沫。温度检测由8脚外接温控器（TK）完成。TK内的接点闭合，8脚为低电平，作为控制信号使11脚输出低电平，VT1截止，K1线圈失电，K1-1复位断开，停止加热。

④ 粉碎过程。当水温达80℃时，加热器停止加热，CPU进入粉碎程序，14脚输出高电平，VT2导通，K2线圈得电，K2-1接通，电动机旋转。为了减少电动机发热，同时降低泡沫的产生，电动机每粉碎15s、停5s。若在此过程中出现溢出情况，即CPU的6脚出现低电平时，电动机也停止粉碎。待溢出现象消失，粉碎工作再次进行，转动15s、停5s，此过程共循环5次后结束粉碎程序。

⑤ 烧煮豆浆。当粉碎程序结束后，便进入烧煮程序，11脚输出高电平，VT1导通，K1线圈得电，K1-1接通，加热器开始加热。在加热过程中一旦出现溢出情况，则11脚变成低电平，停止加热。在程序设计上要进行每次加热→溢出→停止加热，再加热→再溢出→再停止加热，共10次循环，或者加热总时间达到2min，即判定豆浆已熟。

⑥ 豆浆已煮熟报警。一旦豆浆煮熟，CPU的15脚便输出1000Hz脉冲信号，蜂鸣器发出鸣声，16脚输出间断信号，LED闪闪发光，即可断电。

 2. 采用SH66P20A芯片的豆浆机电路（九阳JYDZ-8型）

采用SH66P20A芯片的豆浆机电路（九阳JYDZ-8型）主要由电源电路、电动机和加热器控制电路、微处理器控制电路构成。

（1）电源电路。220V交流电源经变压器T降压（12V）后为桥式整流电路（VD1～VD4）供电，经整流、滤波电容器C1、C2后变成+14V电压为继电器K1、K2和蜂鸣器供电，同时该电压经三端稳压器IC1（78L05）稳压后输出+5V电压，为微处理器及相关电路供电。

（2）电动机和加热器控制电路。豆浆机的打浆电动机M和加热器接在220V交流供电电路中受继电器触点的控制。加热时，微处理器的12脚输出高电平，VT3导通，继电器K2得电，K2-1接通，于是加热器接通电源开始工作。当温度达到80℃以上时，防溢检测电极变低电位，微处理器停止加热。当需要粉碎黄豆时，微处理器IC2的11脚输出高电平，继电器K1线圈得电，K1-1接通，使电动机与电源接通，开始高速旋转进行粉碎工作。粉碎完成后，微处理器的11脚输出低电平，电动机停转。

（3）微处理器控制电路。微处理器芯片SH66P20A是整个豆浆机的控制核心，是4位单片微处理器，内设SRAM、存储程序的1K只读存储器ROM、定时器和输入输出端口（I/O）。

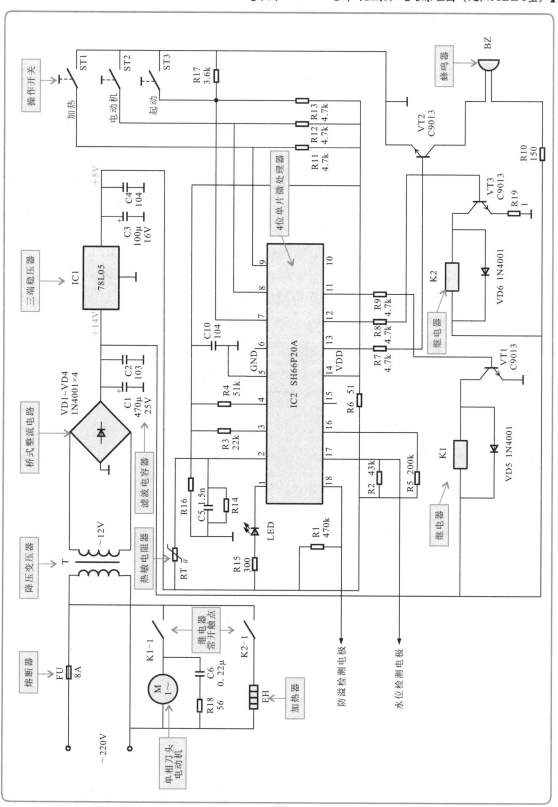

接通电源后，+5V电压为CPU（SH66P20A）的14脚供电，13脚输出1000Hz脉冲信号，经VT2驱动蜂鸣器发出"嘀"的一声提示，同时1脚输出低电平，发光二极管LED发光指示，整机处于待机状态。

当按下起动开关ST3时，CPU的7脚由高电平变成低电平。如果CPU的17脚外接水位检测电极检测到罐体内无水时，17脚变成高电平，13脚输出脉冲信号，蜂鸣器长鸣报警，加热管停止加热，防止干烧；如果检测到罐体内有水，则17脚为低电平，12脚输出高电平，VT3饱和导通，继电器K2得电吸合，K2-1接通加热器工作。

当水温达到84℃以上时，通过温度传感器RT检测，CPU的2脚变为高电平，11脚输出高电平，VT1导通，继电器K1吸合，K1-1接通电源，电动机M开始高速旋转进行打浆操作。打浆4次后电动机停机，CPU的12脚输出高电平，控制加热器继续加热，直到豆浆沸腾。当浆沫溢出到浆沫探针防溢检测电极后，CPU的18脚变成低电平，12脚输出低电平停止加热。当浆沫离开检测电极后，CPU的18脚又变成高电平，同时12脚输出高电平控制加热器继续加热，加热累计15min后，CPU的11脚、12脚同时输出低电平，电动机和加热器均停止工作。CPU的13脚输出报警信号。K1、K2断电释放，LED闪烁指示，自动执行程序完成豆浆的制作。

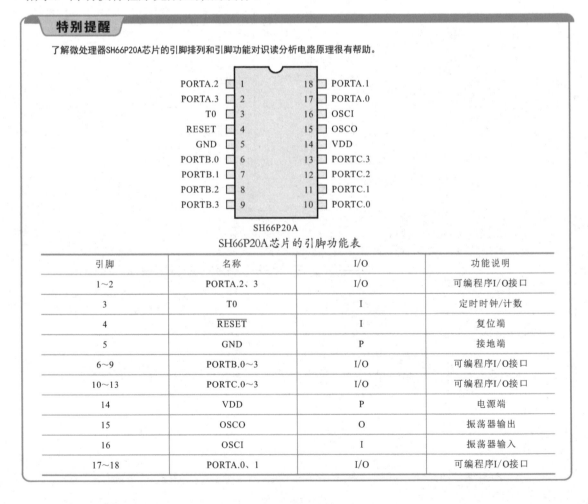

特别提醒

了解微处理器SH66P20A芯片的引脚排列和引脚功能对识读分析电路原理很有帮助。

SH66P20A

SH66P20A芯片的引脚功能表

引脚	名称	I/O	功能说明
1~2	PORTA.2、3	I/O	可编程序I/O接口
3	T0	I	定时时钟/计数
4	$\overline{RESET}$	I	复位端
5	GND	P	接地端
6~9	PORTB.0~3	I/O	可编程序I/O接口
10~13	PORTC.0~3	I/O	可编程序I/O接口
14	VDD	P	电源端
15	OSCO	O	振荡器输出
16	OSCI	I	振荡器输入
17~18	PORTA.0、1	I/O	可编程序I/O接口

采用MDT2005芯片的豆浆机电路主要由微处理器控制电路、电源电路构成。

【采用MDT2005芯片的豆浆机电路原理(VH99-B)】

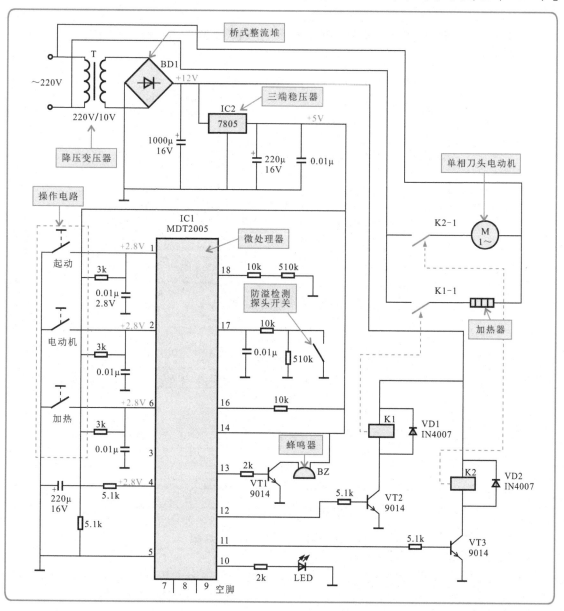

（1）微处理器控制电路。微处理器芯片MDT2005的14脚为供电端（18脚封装），5脚为接地端，操作按键分别接在1脚、2脚和6脚外部，防溢检测探头接在17脚，11脚和12脚为驱动电动机和加热器控制端。当需要电动机或加热器工作时，微处理器的11脚或12脚输出高电平，驱动晶体管VT3或VT2导通，K2、K1得电动作，相应的触点接通，加热器和电动机进入工作状态。10脚和13脚为发光二极管和蜂鸣器的驱动端。

（2）电源电路。220V交流电源一路直接为加热器和打浆电动机供电，继电器得电，控制相应的触点接通。

另一路220V交流电源经降压变压器T降压后（10V）为桥式整流电路供电，经整流后输出+12V电压，该电压一路再经三端稳压器稳压后输出+5V电压为微处理器供电，另一路直接为继电器电路供电。

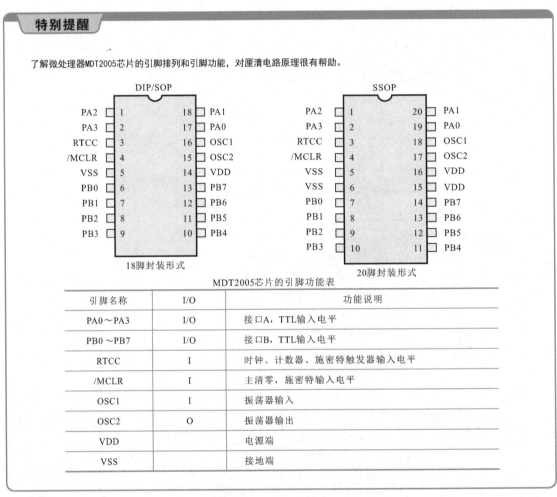

特别提醒

了解微处理器MDT2005芯片的引脚排列和引脚功能，对厘清电路原理很有帮助。

MDT2005芯片的引脚功能表

引脚名称	I/O	功能说明
PA0～PA3	I/O	接口A，TTL输入电平
PB0～PB7	I/O	接口B，TTL输入电平
RTCC	I	时钟、计数器、施密特触发器输入电平
/MCLR	I	主清零，施密特输入电平
OSC1	I	振荡器输入
OSC2	O	振荡器输出
VDD		电源端
VSS		接地端

 4. 采用逻辑门芯片和运算放大器的豆浆机电路

采用逻辑门芯片和运算放大器的豆浆机电路主要由电源电路和控制电路构成。其中，控制部分主要是由LM324、CD4025、CD4001和CD4060等芯片构成的。

（1）电源电路。220V交流电源一路经熔断器FU为打浆电动机和加热器供电，电动机和加热器分别经继电器的触点K1-1、K2-1与电源相通，继电器得电动作，控制相应的触点接通。

另一路220V交流电源加到桥式整流器（VD8～VD11）上，桥式整流器的输出经稳

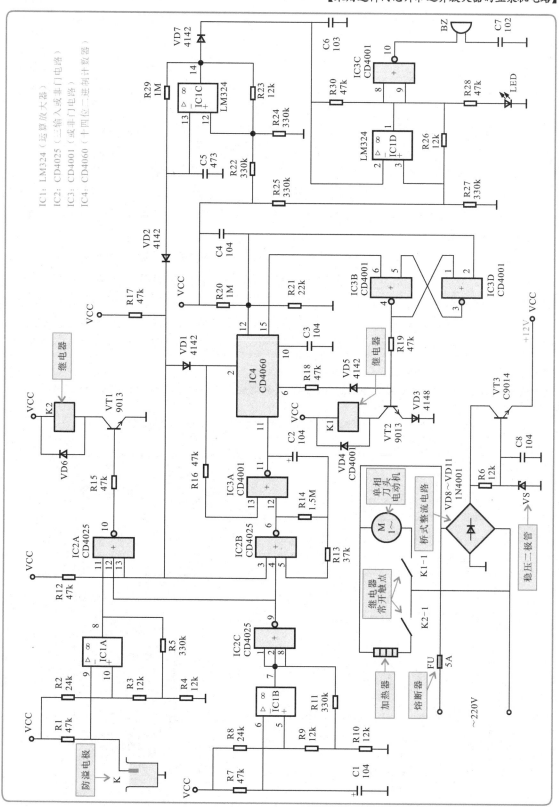

压电路输出+12V电压为控制电路供电。其中，R6与稳压二极管VS（+12V）构成串联分压电路，分压点的电压被VS稳定在12V，经C8滤波后加到射极跟随器VT3的基极，VT3输出+12V电压。

（2）控制电路。给豆浆机加水和黄豆（按一定的配比），接通电源，电路复位清零，开始进入工作状态。IC1A的9脚接防溢电极，开始工作时处于悬空状态，即为高电平，9脚为运放的反相输入端，因而8脚为低电平。刚开机时IC4的2脚输出为低电平，IC2A的13脚为低电平，经IC2A或非门后输出高电平，VT1导通，K2得电，K2-1触点接通，加热器得电工作。与此同时，由IC2B、IC3A和R14、C2构成的脉冲信号振荡电路产生脉冲信号（周期为0.21s）加到IC4（CD4060）的11脚，由CD4060分频，其内设有14级分频电路，2脚输出13分频的脉冲信号。该信号为先低后高的脉冲，周期为29min，14.5min为该脉冲的上升沿，此时2脚为高电平，IC2A的13脚变为高电平，10脚输出低电平，VT1截止，停止加热。

IC4的6脚输出7分频脉冲信号（周期为27s），15脚输出10分频（周期为3.6min）的脉冲信号，前半周期为低电平。6脚的输出和15脚经IC3B触发器的输出都加到VT2的基极，VT2导通，继电器K1得电，K1-1接通，电动机旋转。15脚输出的脉冲后半周为高电平，IC3B的4脚被锁定在低电平，电动机停转，结束打浆后继续加热。当豆浆沸腾时，防溢电极K通过浆液接地，IC1A的9脚接地，电路翻转，VT1截止，K2断电，停止加热。

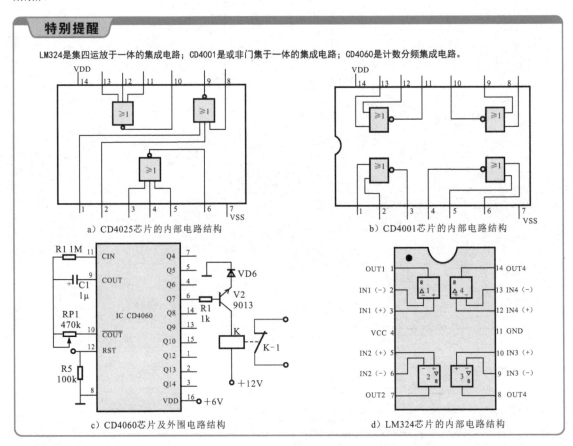

特别提醒

LM324是集四运放于一体的集成电路；CD4001是或非门集于一体的集成电路；CD4060是计数分频集成电路。

a）CD4025芯片的内部电路结构

b）CD4001芯片的内部电路结构

c）CD4060芯片及外围电路结构

d）LM324芯片的内部电路结构

10.3 豆浆机的检修

10.3.1 豆浆机加热器的检修

豆浆机中的加热器（加热丝）通常被安装在金属管中，通过引线与供电线相连，也被称为加热管。一般家用豆浆机的加热器由220V交流供电，功率通常为600～800W。根据公式$P=U^2/R=220^2/R$，可求得阻值为60～80Ω。注意，加热器在高温条件下的阻值与低温时不同。

检测时可使用数字万用表或指针万用表，通常故障为烧断故障，检测加热器后，再检测一下引线接头，看是否有连接不良的情况。

10.3.2 豆浆机打浆电动机的检修

豆浆机的打浆电动机通常采用单相串激式交流电动机，结构比较简单。主轴上安装粉碎刀头，在高速转动时，将黄豆粉碎，因而对速度的精确度要求不高。检测时，可直接检测电源供电线之间的电阻是否有短路或断路情况。此外，用220V交流电源直接为电动机供电，如果电动机能正常运转，则表明电动机正常。如果转动不正常，则可检查连接点是否有污物，引线状态是否良好。

【打浆电动机的结构】

10.3.3 豆浆机电源变压器的检修

豆浆机中都设有电源电路，以产生稳定的直流电压为控制电路供电。应用比较多的是串联式稳压电源，采用降压方式，将220V交流降压为10V或12V后再经稳压电路输出+12V或+5V。这类变压器的检测方法参见9.3.1的相关内容。

有一些豆浆机采用开关电源，变压器为开关变压器，工作频率较高，多采用铁氧体铁心这种变压器的绕组比较多，代换时，注意引脚的排列及安装方向.检测时，通常检测各绕组的阻值，并观察表面状态，看是否有短路或断路状态。

10.3.4 豆浆机继电器的检修

继电器是用于控制打浆电动机和加热器的器件，绕组中有电流流过时，触点就会动作。有些继电器只有一组常开触点，应用比较多。还有一些继电器有一组常开触点、一组常闭触点。

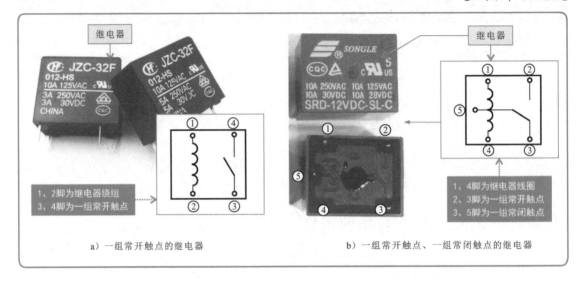

a）一组常开触点的继电器   b）一组常开触点、一组常闭触点的继电器

继电器的绕组多由+12V供电，也有由+24V、+5V、+3V供电的。其阻值为几十欧姆至几百欧姆。如果测量时出现无穷大或0Ω，则说明有故障存在。常开触点在静态时为断路状态，常闭触点在静态为短路状态。

▶ 10.3.5 豆浆机三端稳压器的检修 »

三端稳压器将稳压电路全部制作在集成芯片上，只引出三个引脚。L7812是输出+12V的稳压电路，L7912是输出-12V的稳压电路，还有输出+5V的稳压电路L7805等。

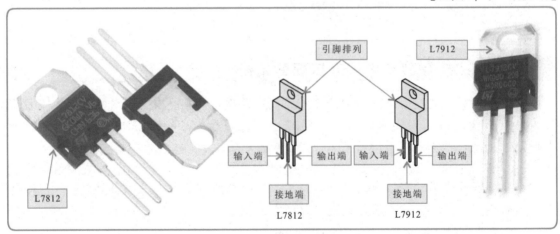

检测三端稳压器应注意引脚排列方向，检测时应以地为基准点，分别检测输入电压和输出电压。如果输入电压正常而无输出或输出不正常，则表明稳压器电路损坏；如果输入电压不正常，还应检查输入电路中的元器件及上一级电路。注意输入、输出端连接的滤波电容短路也会引起稳压器的电路失常。

第11章

电话机的检修

11.1 电话机的结构组成

▶ 11.1.1 电话机的外部结构

电话机是一种通过电信号相互传输话音的通话设备。其结构相对比较简单，从外部来看，主要由话机部分和主机部分构成。在一般情况下，电话机的话机部分通过底部插口和4芯线与主机连接。

【典型电话机的外部结构】

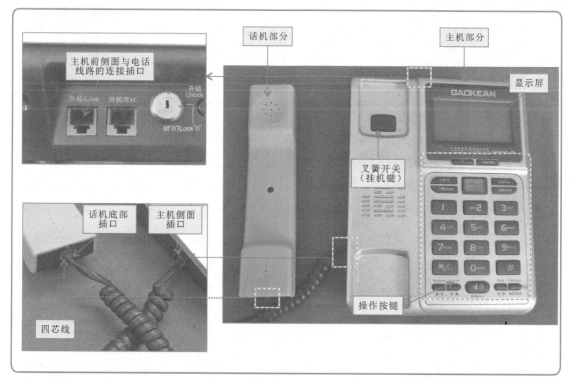

可以看到，话机部分主要包括话筒和听筒；主机部分主要包括显示屏、操作按键、插口音量调整开关等。其中，显示屏主要用于显示当前时间、来电号码、通话时间等信息；操作按键用于输入指令信息；左侧面插口用于与话机相连，前侧面插口用于与电话线路相连。

▶ 11.1.2 电话机的内部结构

分离话机和主机的塑料外壳后即可看到内部结构。

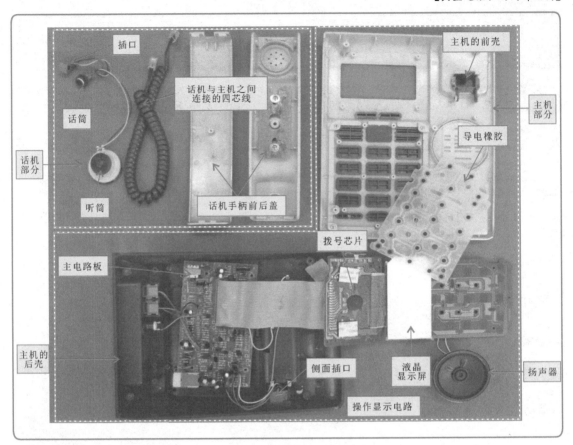

 1. 话机

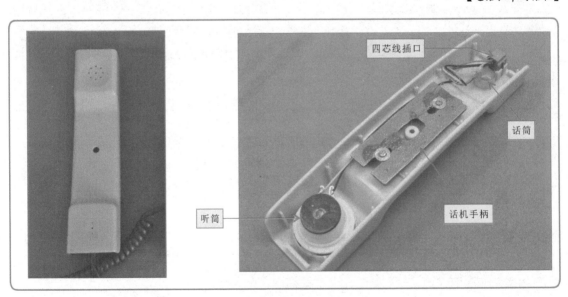

话筒是一种将声波转换成电信号的电声器件，通常可称为传声器、送话器或麦克风。听筒是一种可以将电信号转换为声波的电声器件，例如耳机、扬声器等。

2. 主机

电话机中的主机主要是由显示电路板、操作按键电路板、主电路板和扬声器等部分构成的，分离主机的前后壳后，即可看到其内部的电路部分。

【电话机中的主机】

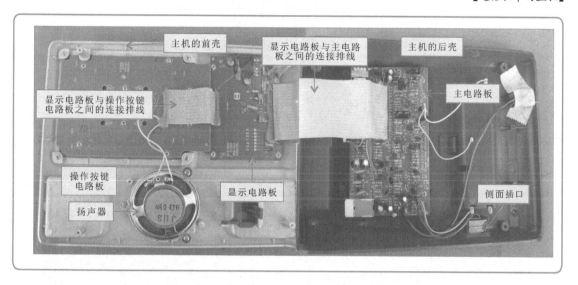

（1）操作按键电路。通常，操作按键电路板安装在电话机的前盖上，扬声器则安装在操作按键电路板的旁边。

【电话机中的操作按键电路板和扬声器】

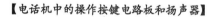

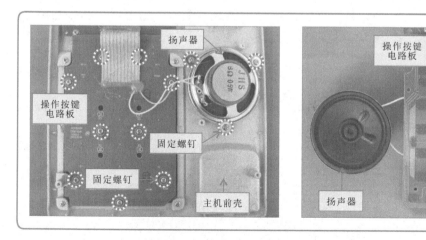

电话机的操作按键电路板主要是由电路板、导电橡胶和操作按键等部分构成的，用户通过操作按键即可将人工指令传输给电话机。

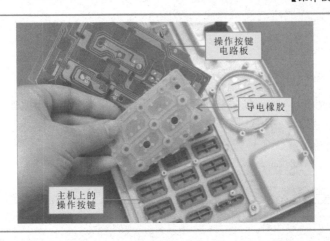

（2）显示电路板。电话机的显示电路板主要是由液晶显示屏、连接排线及相关外围元件构成的。

【电话机中的显示电路板】

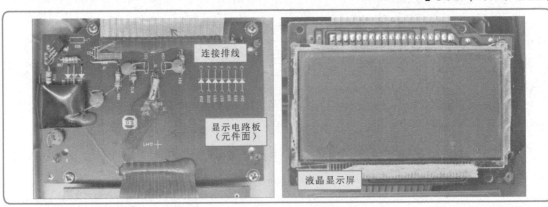

（3）主电路板。电话机中的主电路板一般安装在其后壳上，是电话机的核心电路部分。电话机的大部分电路和关键器件都安装在该电路板上，如叉簧开关、振铃电路、通话电路等。

【电话机中的主电路板】

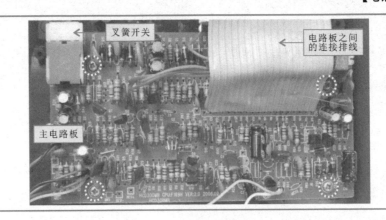

11.2 电话机的工作原理

▶ **11.2.1** 电话机的整机工作原理 ➤➤

在电话机中，操作按键电路板和显示屏是由显示电路板上的拨号芯片进行控制的；显示电路板与主电路板之间则通过连接排线进行数据传输；主电路板与话机部分通过4芯线连接，并通过2芯的用户电话线与外部电路进行通信。

【电话机的整机工作原理】

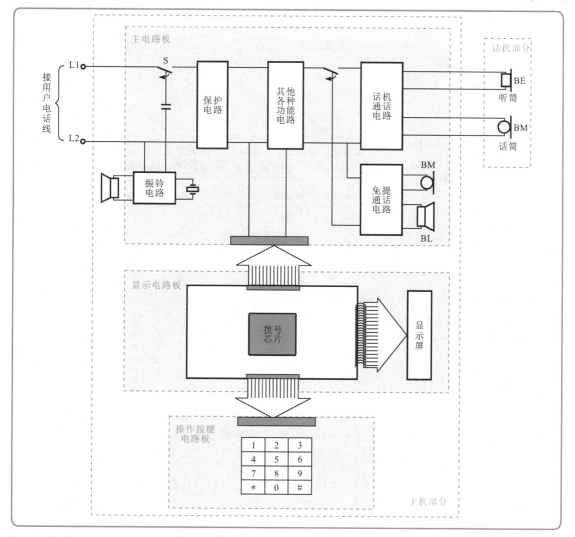

▶ **11.2.2** 电话机的电路原理 ➤➤

 1. 电话机拨号芯片及其外围电路的工作原理

电话机中的拨号芯片及其外围电路是以拨号芯片KA2608为核心的电路单元。该芯片是一种多功能芯片，具有拨号控制、时钟及计时等功能。

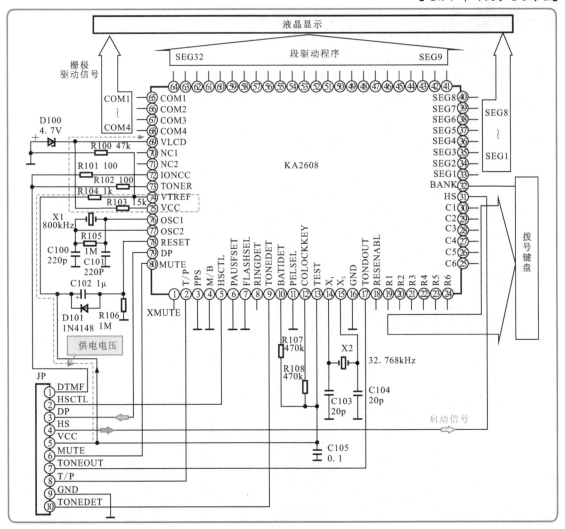

拨号芯片KA2608的33～68脚为液晶显示器的控制信号输出端，为液晶屏提供显示驱动信号；69脚外接+4.7V的稳压管D100，为液晶屏提供稳定的工作电压；14、15脚外接晶体X2、谐振电容C103、C104构成时钟振荡电路，为芯片提供时钟信号。

芯片的19～24脚、25～30脚与操作按键电路板相连，组成6×6键盘信号输入电路，用于接收拨号指令或其他功能指令。31脚为启动端，经JP与主电路板相连，接收主电路板送来的启动信号。

JP为拨号芯片与主电路板连接的接口插件，各种信号及电压的传输都是通过该插件进行的，如主电路板送来的+5V供电电压经JP的5脚后分为两路：一路直接送往芯片的13脚，为其提供足够的工作电压；另一路经R104加到芯片的74脚，经内部稳压处理后从75脚输出，经R103、D100为显示屏提供工作电压。

芯片的76脚、77脚和晶体X1（800 kHz）、R105、C100、C101组成拨号振荡电路。

2. 振铃电路

振铃电路是主电路板中相对独立的一块电路单元，一般位于整个电路的前端，工作时与主电路板中其他电路断开。

电话机中的振铃电路主要是由叉簧开关S、振铃芯片KA2410、匹配变压器T、扬声器BL等部分构成的。

【电话机中的振铃电路原理】

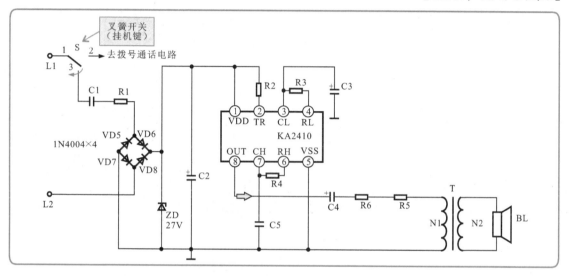

当有用户呼叫时，交流振铃信号经外线L1、L2送入电路。

未摘机时，摘机/挂机开关触点接在1、3触点上，振铃信号经电容器C1后耦合到振铃电路中，再经限流电阻器R1、极性保护电路VD5～VD8、C2滤波及ZD稳压后，加到振铃芯片的1、5脚，为芯片提供工作电压。

当芯片获得工作电压后，内部振荡器起振，由一个超频振荡器控制一个音频振荡器，经放大后由8脚输出音频振铃信号，经耦合电容器C4、限流电阻器R6、R5后，由匹配变压器T耦合至扬声器发出铃声。

特别提醒

振铃芯片KA2410中，当2脚收到触发信号后，芯片内的振荡电路起振，振荡信号经放大后驱动扬声器发声。

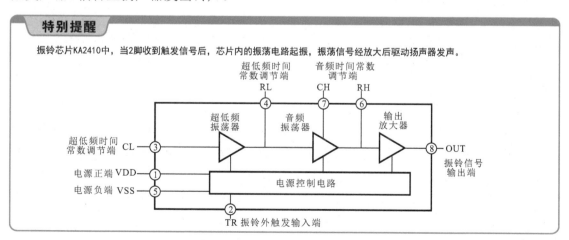

3. 听筒通话电路

电话机中的听筒通话电路主要是由听筒通话集成芯片TEA1062、话筒BM、听筒BE以及外围元器件构成的。

【电话机中的听筒通话电路原理】

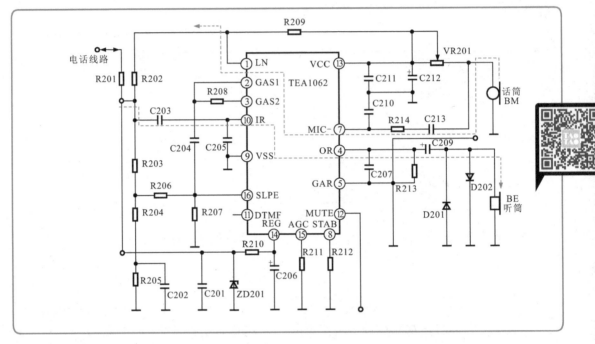

TEA1062集成了发送、接收、双音频放大和自动增益调节等多功能。

电源从外线送入芯片的1脚，同时经电阻器R209、电容器C212滤波后加到芯片的13脚，为芯片提供工作电压。

当用户说话时，话音信号经话筒BM、电容器C213、电阻器R214后加到芯片的7脚，经放大后，由其1脚输出，送往外线；接听对方声音时，外线送来的话音信号，经电阻器R201、电容器C203后加到芯片的10脚，经内部放大后，由其4脚输出，再经耦合电容C209后，送至听筒BE发出声音。另外，话筒和听筒的音量分别由VR201和R213调节。

4. 免提通话电路

免提通话是指在不提起话机的情况下，按下免提功能键便可进行通话。由集成电路构成的典型免提通话电路主要是由免提通话集成芯片MC34018、免提话筒BM、扬声器BL及外围元器件构成的。

在免提通话状态下，当用户说话时，话音信号经话筒BM、电容器C43后加到芯片的9脚，经MC34018放大后，由其4脚输出，送往外线；接听对方声音时，外线送来的声

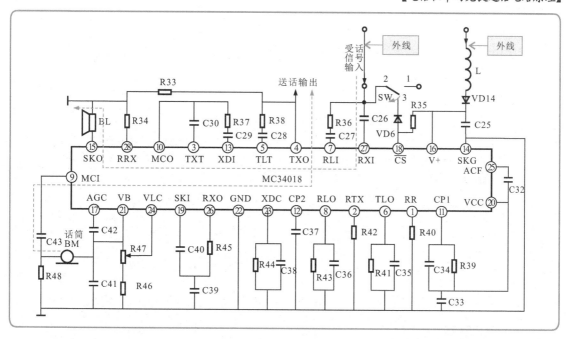

音信号经电容器C26后送入芯片MC34018的27脚，经其内部放大后由15 脚输出，送至扬声器BL发出声音。

11.3 电话机的拆卸与检修

11.3.1 电话机的拆卸方法

 1.话机的拆卸

电话机的话机一般由其中间的一颗固定螺钉进行固定，拆卸时，用合适刀口的螺钉旋具将固定螺钉卸下，然后分离话机前后壳即可。

【电话机话机的拆卸方法】

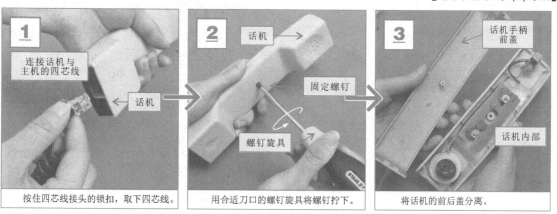

按住四芯线接头的锁扣，取下四芯线。　用合适刀口的螺钉旋具将螺钉拧下。　将话机的前后盖分离。

2.主机的拆卸

　　电话机主机的前后壳部分由四颗螺钉进行固定，拆卸时，用合适刀口的螺钉旋具将固定螺钉一一卸下，并分离前后壳即可。

【电话机主机的拆卸方法】

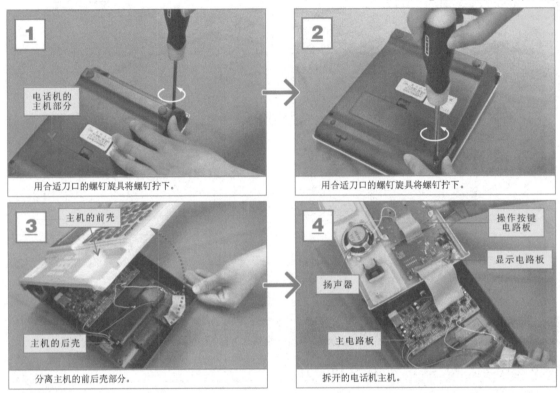

1 电话机的主机部分 用合适刀口的螺钉旋具将螺钉拧下。	**2** 用合适刀口的螺钉旋具将螺钉拧下。
3 主机的前壳 主机的后壳 分离主机的前后壳部分。	**4** 操作按键电路板 显示电路板 扬声器 主电路板 拆开的电话机主机。

 3.扬声器和操作按键电路板的拆卸

　　拆卸扬声器和电话机操作按键电路板时首先取下主机中的扬声器部分，然后拧下操作按键电路板上的所有固定螺钉，并将电路板翻开，即可取下电路板与操作按键之间的导电橡胶。

【电话机扬声器和操作按键电路板的拆卸方法】

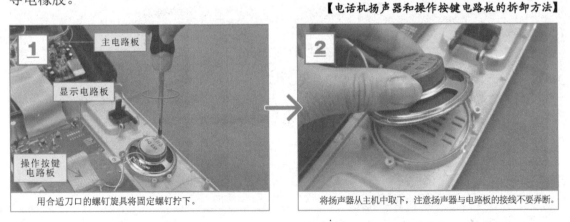

1 主电路板 显示电路板 操作按键电路板 用合适刀口的螺钉旋具将固定螺钉拧下。	**2** 将扬声器从主机中取下，注意扬声器与电路板的接线不要弄断。

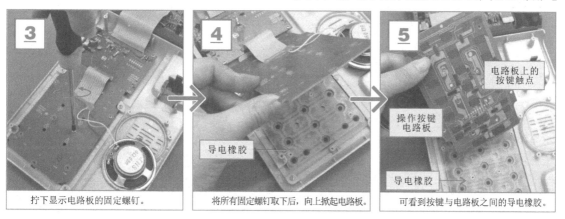

拧下显示电路板的固定螺钉。

将所有固定螺钉取下后，向上掀起电路板。

电路板上的按键触点

操作按键电路板

导电橡胶

导电橡胶

可看到按键与电路板之间的导电橡胶。

4. 显示电路板的拆卸

　　电话机显示电路板通过螺钉固定，将所有固定螺钉拧下后即可从电话机主机的前壳中取出显示电路板。

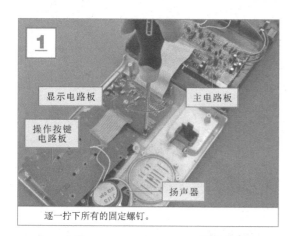

显示电路板

主电路板

操作按键电路板

扬声器

逐一拧下所有的固定螺钉。

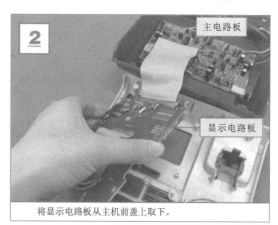

主电路板

显示电路板

将显示电路板从主机前盖上取下。

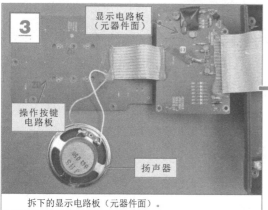

显示电路板（元器件面）

操作按键电路板

扬声器

拆下的显示电路板（元器件面）。

操作按键电路板

显示电路板（显示屏面）

扬声器

拆下的显示电路板（显示屏面）。

5.主电路板拆卸

电话机主电路板通过螺钉固定在机壳上将所有固定螺钉拧下，然后从主机的后壳上取下电路板。

【电话机主电路板的拆卸方法】

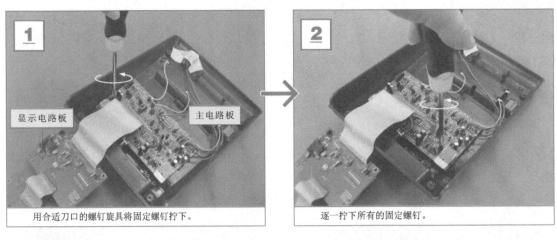

1 显示电路板　主电路板	**2**
用合适刀口的螺钉旋具将固定螺钉拧下。	逐一拧下所有的固定螺钉。

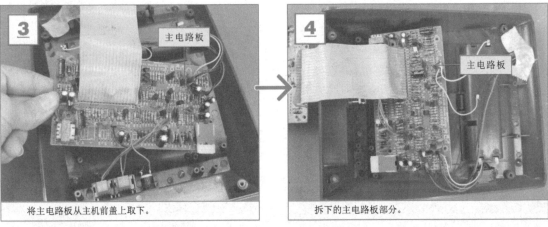

3 主电路板	**4** 主电路板
将主电路板从主机前盖上取下。	拆下的主电路板部分。

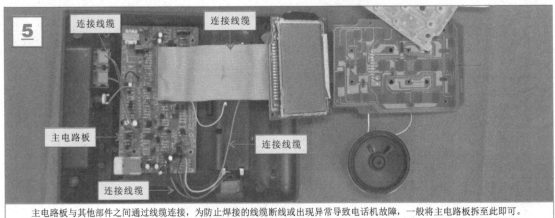

5 连接线缆　连接线缆　主电路板　连接线缆　连接线缆

主电路板与其他部件之间通过线缆连接，为防止焊接的线缆断线或出现异常导致电话机故障，一般将主电路板拆至此即可。

叉簧开关作为一种机械开关，是用于实现通话电路和振铃电路与外线的接通、断开转换功能的器件。若叉簧开关损坏，将会引起电话机出现无法接通或一直处于占线状态。使用万用表检测时，可通过检测叉簧开关在通、断状态下的阻值判断其是否损坏。

【电话机中叉簧开关的检修方法】

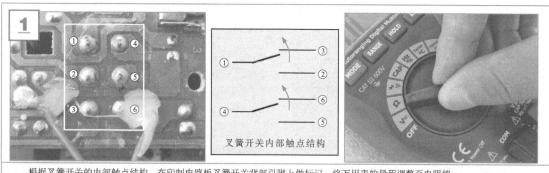

根据叉簧开关的内部触点结构，在印制电路板叉簧开关背部引脚上做标记，将万用表的量程调整至电阻档。

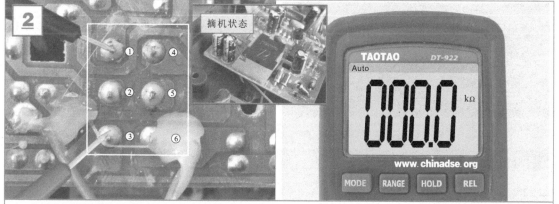

将万用表的黑表笔搭在叉簧开关的①脚，红表笔分别搭在叉簧开关的③、②脚。在摘机状态下，①、③脚之间的阻值为0Ω，①、②脚之间的阻值为无穷大。

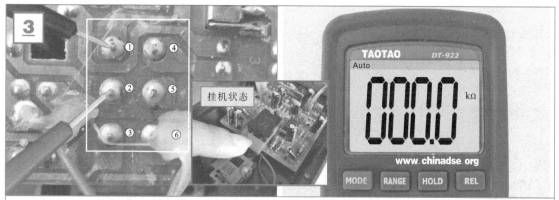

用手按下叉簧开关，使其处于挂机状态。此时，分别检测①、③脚和①、②脚之间的阻值可知，在挂机状态下，①、③脚之间的阻值为无穷大，①、②脚之间的阻值为0Ω。

若经检测怀疑叉簧开关损坏，可将其从电路板上拆下后，进行开路检测。用电烙铁和吸锡器对叉簧开关的引脚进行拆焊后将其从电路板上取下，然后在开路状态下，检测叉簧开关引脚间阻值。

【电话机中叉簧开关的开路检修方法】

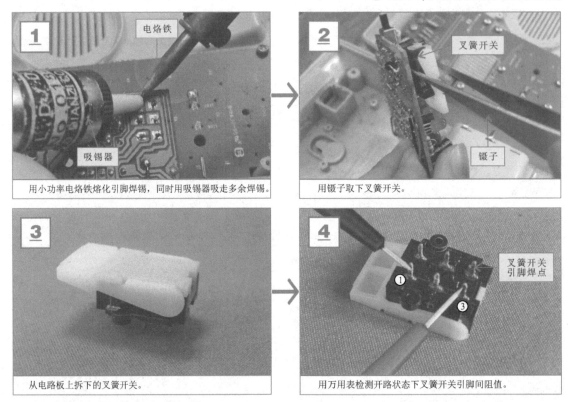

特别提醒

在正常情况下，插簧开关在摘机状态下，①、③脚间的阻值为0Ω，①、②脚间的阻值为无穷大；在挂机状态下，①、③脚间的阻值为无穷大，①、②脚间的阻值为0Ω。

若经检测和判断叉簧开关不良，应选用相同规格和型号的良好叉簧开关进行代换。

【电话机中叉簧开关的代换】

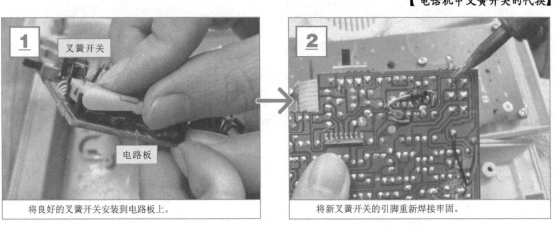

拨号芯片主要用于拨号控制，当其出现故障时，会引起电话机拨号、控制失灵。可通过万用表检测拨号芯片的关键引脚电压判断其是否损坏。

【电话机拨号芯片的检修方法】

将万用表的黑表笔搭在拨号芯片的11脚接地端，红表笔搭在拨号芯片的10脚供电端。

观察万用表指针的指示位置，结合档位设置（直流10V电压档），读出实测数值为直流4.2V，正常。

将万用表的黑表笔搭在拨号芯片的11脚接地端，红表笔搭在拨号芯片的5脚启动端。

观察万用表指针的变化情况可知，在正常情况下，摘机后为高电平，挂机时为低电平。

特别提醒

在正常情况下，若拨号芯片正常，则应满足以下条件：
① 拨号芯片HM9102D供电端⑩脚（VDD）的电压为2～5.5V。
② 启动端⑤脚在挂机时为低电平，摘机时为高电平。
③ 拨号芯片⑧、⑨脚为晶振信号端，在正常情况下，用示波器可测得晶振信号波形。
④ 拨号芯片⑫脚为脉冲信号输出端，在正常情况下，摘机后，电话为忙音状态，此时测得信号波形类似一个正弦信号波形。当按动键盘数字键拨号时，按下瞬间，波形发生变化。
因此，检测拨号芯片时还需借助示波器进行检测判断。

振铃芯片的作用是当电话机外线传来信号时驱动外接扬声器发声，当其出现故障时，会导致电话机来电无振铃。

检测前，先了解和识别振铃芯片的引脚功能和相关参数信息，为检测操作做好准备。

【振铃芯片的内部结构、引脚功能及相关参数】

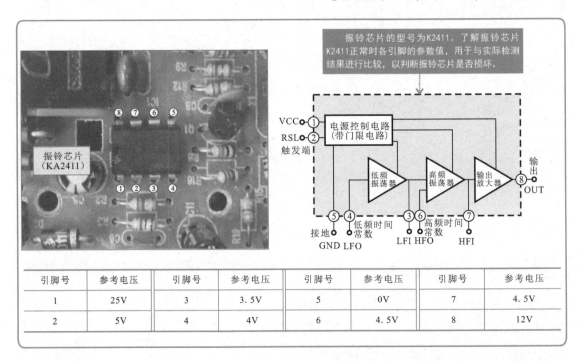

振铃芯片的型号为K2411。了解振铃芯片K2411正常时各引脚的参数值，用于与实际检测结果进行比较，以判断振铃芯片是否损坏。

引脚号	参考电压	引脚号	参考电压	引脚号	参考电压	引脚号	参考电压
1	25V	3	3.5V	5	0V	7	4.5V
2	5V	4	4V	6	4.5V	8	12V

检测相关引脚参数判断振铃芯片好坏。若输入电压正常，无输出，则说明振铃芯片损坏；若实际检测各引脚电压与参考值偏差较大，则多为振铃芯片本身损坏。

【电话机振铃芯片的检修方法】

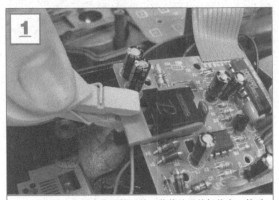

首先用小夹子夹住叉簧开关，使其处于挂机状态，然后拨打该电话号码为其提供振铃信号。

根据测量对象参数，调整万用表的档位至电压档（实测所用万用表为自动量程万用表，无须调整量程）。

首先将万用表的黑表笔搭在振铃芯片的5脚接地端，红表笔搭在振铃芯片的1脚供电端。

观察万用表显示屏的显示结果，读出所测供电端的实测数值为直流26.1V，正常。

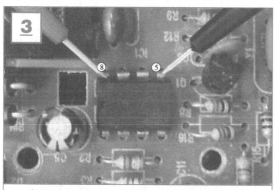

将万用表的黑表笔搭在振铃芯片的5脚接地端，红表笔搭在振铃芯片的8脚输出端。

观察万用表显示屏的显示结果，读出所测输出端的实测数值为直流13.4V，正常。

▶ 11.3.5 电话机扬声器的检修

扬声器作为一个独立部件，通常用两根细小的引线将其焊接固定在电路板端，在拆机过程中很容易造成接线断裂。因此，在对扬声器进行检修前，应首先检查其连接引线是否开焊或断裂。

检测扬声器时，一般使用万用表电阻档检测其两个电极间的电阻值来判断好坏。

【电话机扬声器的检修方法】

首先将电话机的铃声调整开关置于"开"或"最大"位置上，将万用表的红、黑表笔分别搭在扬声器的电极两端。

观察显示屏可知扬声器两电极间阻值实测数值为7.5kΩ。若测得阻值为0Ω或无穷大，则说明扬声器损坏。

▶ 11.3.6 电话机极性保护电路的检修

极性保护电路是由四只二极管构成的，位于电路板叉簧开关附近，主要用于将电话外线输入的极性不稳定的直流电压转换为极性稳定的直流电压，当极性保护电路损坏时，将会引起电话机出现不工作的故障。

【电话机极性保护电路的检修方法】

将万用表调整至蜂鸣/二极管测量档，红表笔搭在二极管的正极引脚端，黑表笔搭在负极引脚端。

检测二极管正向导通电压，观察显示屏读出实测数值为0.525V。

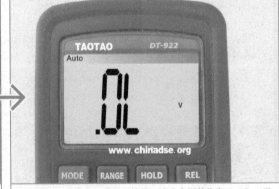

将万用表的红表笔搭在二极管的负极引脚端，黑表笔搭在正极引脚端，检测二极管的反向特性。

观察万用表显示屏显示结果，读出实测数值为"0L"（无穷大），表示反向截止。

导电橡胶是操作按键电路板上的主要部件，有弹性胶垫的一侧与操作按键相连，有导电圆片的一侧与操作按键印制电路板相连，每一个导电圆片对应一个接点，损坏时，将引起电话机出现拨号、控制失灵的故障。使用万用表检测时，可通过检测导电圆片任意两点间的阻值判断导线橡胶是否损坏。

【电话机导电橡胶的检修方法】

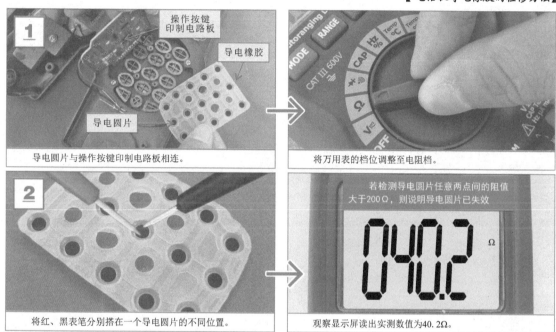

导电圆片与操作按键印制电路板相连。

将万用表的档位调整至电阻档。

将红、黑表笔分别搭在一个导电圆片的不同位置。

观察显示屏读出实测数值为40.2Ω。

▶ **11.3.8** 电话机匹配变压器的检修 ▶▶

匹配变压器是电话机中较重要的部件之一，若其损坏，将引起无振铃或振铃不响的故障。

检修匹配变压器主要借助万用表测其一次和二次绕组之间阻值的方法来判断好坏。

【电话机匹配变压器的检修方法】

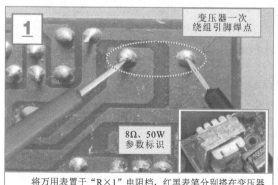

将万用表置于"R×1"电阻档，红黑表笔分别搭在变压器一次绕组两引脚上。

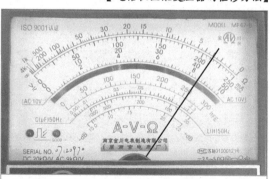

观察万用表的指针指示位置可知，在正常情况下，测得其实际电阻值为3Ω。

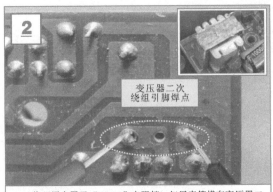

将万用表置于"R×10"电阻档，红黑表笔搭在变压器二次绕组两引脚上。

观察万用表指针的指示位置，在正常情况下，测得其实际电阻值为140Ω。

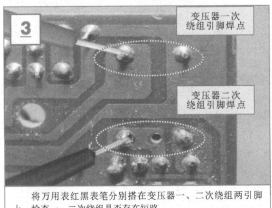

将万用表红黑表笔分别搭在变压器一、二次绕组两引脚上，检查一、二次绕组是否存在短路。

观察万用表指针的指示位置，正常情况下，测得其实际电阻值为无穷大。

若实测结果与上述情况不符，则多为变压器损坏，需对其进行更换。

将怀疑损坏的匹配变压器焊下，选用同规格和参数的匹配变压器进行代换，并将其引脚焊接牢固即可。

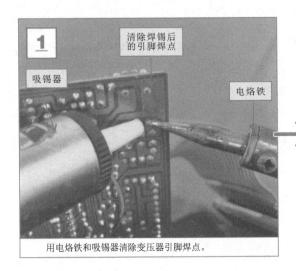

用电烙铁和吸锡器清除变压器引脚焊点。

选用同规格的良好变压器安装到电路板上，将其焊接牢固。

第12章
空气净化器的检修

12.1 空气净化器的结构组成

12.1.1 空气净化器的整体结构

空气净化器是对空气进行净化处理的机器，可以有效吸附、分解或转化空气中的灰尘、异味、杂质、细菌及其他污染物，进而为室内提供清洁、安全的空气。

【空气净化器的功效】

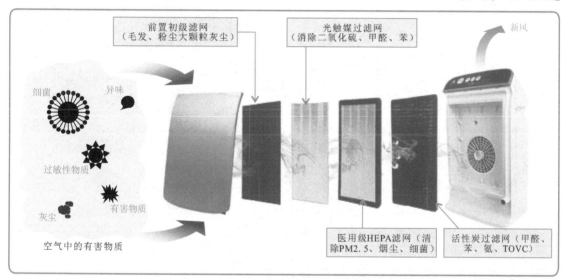

前置初级滤网
（毛发、粉尘大颗粒灰尘）

光触媒过滤网
（消除二氧化硫、甲醛、苯）

新风

细菌　异味

过敏性物质

灰尘　有害物质

空气中的有害物质

医用级HEPA滤网（清除PM2.5、烟尘、细菌）

活性炭过滤网（甲醛、苯、氨、TOVC）

典型空气净化器主要由电源插头、防护网、前盖板、感应器和外壳构成。

【典型空气净化器的整体结构】

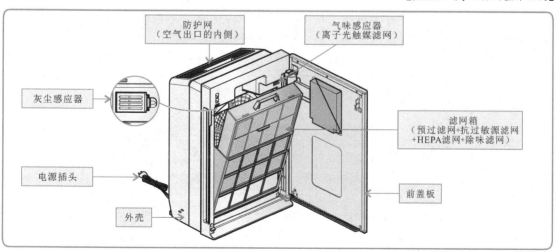

防护网
（空气出口的内侧）

气味感应器
（离子光触媒滤网）

灰尘感应器

滤网箱
（预过滤网+抗过敏源滤网
+HEPA滤网+除味滤网）

电源插头

前盖板

外壳

拆开外壳并逐步分解即可看到空气净化器的内部结构。

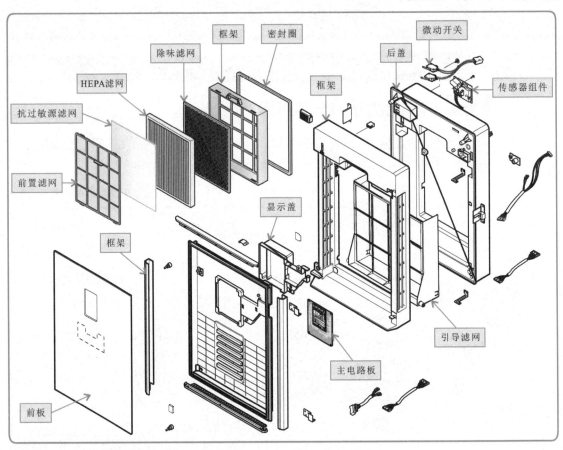

► 12.1.2 空气净化器的主要组成部件

1. 空气过滤网/滤尘网

在空气净化器中，能有效捕捉、吸附、过滤、转化空气中灰尘和有害物质（细菌及其异味等）的装置或器件是过滤网，是空气净化器的核心部件。

【空气净化器中空气过滤网的结构组成】

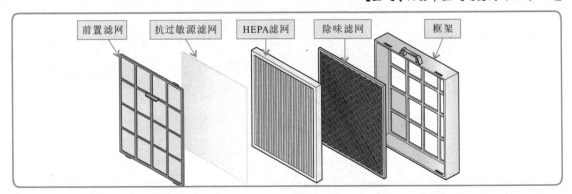

不同类型空气净化器所采用的空气过滤网的数量和类型不同。松下F-VXL90型空气净化器的空气过滤网分为两层。可以看到，第一层滤尘网是HEPA高效空气粒子过滤网，第二层是纳米脱臭滤尘网，这两层滤尘网镶在主机的框架中，前面是装饰盖板，后面是加湿滤尘网机构和风机。脱臭滤尘网是由超微细纤维活性炭制成的，用以吸附和分解臭味。

【松下F-VXL90型空气净化器的空气过滤网】

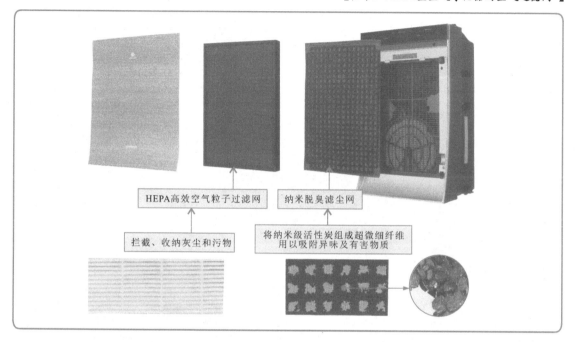

日立EP-KVG900空气净化器采用的是三层滤尘网，是在上述两层滤尘网的基础上又增加了一层预滤尘网，用以拦截较大粒子的灰尘。该滤尘网是由不锈钢制成的栅网形结构，含在不锈钢中的金属离子有除菌的作用。

【日立EP-KVG900型空气净化器的空气过滤网】

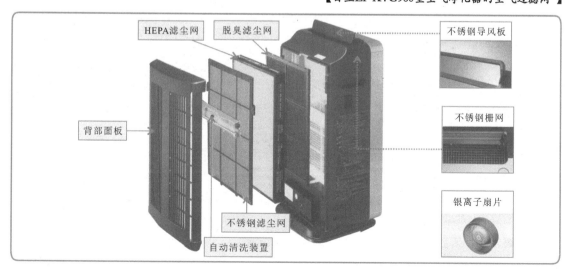

大金MCK70型净化器采用四层滤尘网。其中，预滤尘网用于捕捉、拦截较大颗粒的灰尘；静电滤尘网用于吸附带正电荷的灰尘粒子。钛类光触媒滤尘网可对异味及污染物进行氧化分解，该网对污物进行分解后能自我恢复净化功能；光触媒和脱臭触媒则要对细微颗粒的有害物质进行分解消除，提高除尘滤尘效果。

【大金MCK70型空气净化器的空气过滤网】

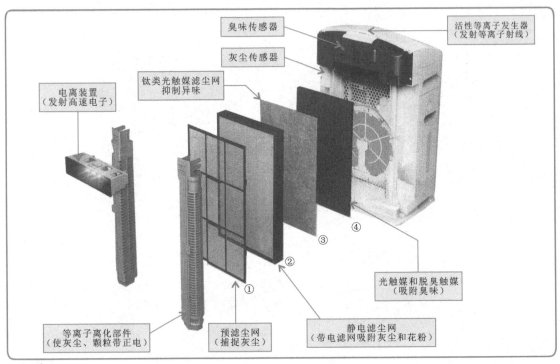

 2. 空气净化器的空气循环系统

空气净化器的空气循环系统主要是由风机和风道组成的。风机由扇叶和电动机构成，用于使空气形成气流。风道是由进风通道和排风通道组成的。电动机带动扇叶高速旋转，推动空气形成强力气流，使室内的空气通过滤尘网并进行循环，在不断的循环过程中，空气中的灰尘和霉菌被滤尘网拦截、捕捉和分解，从而得到净化。

【空气净化器在室内的位置及所形成的气流】

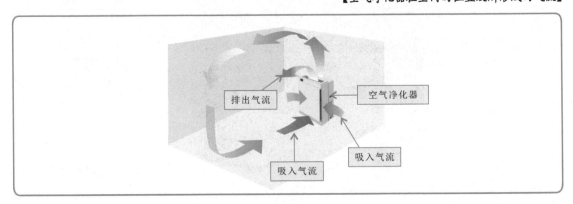

空气净化器的风机就是一个能实现大风量的小型高效风扇，是由电动机和轴流扇叶组成的，电动机旋转时，室内空气从电动机的轴向被吸入，在风道的导引下，气流从风道的上部排出使室内空气形成循环。

【空气净化器的风机】

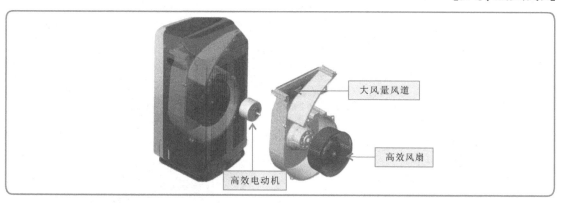

电动机风量越大，除尘速度越快。

【扇叶和电动机的结构】

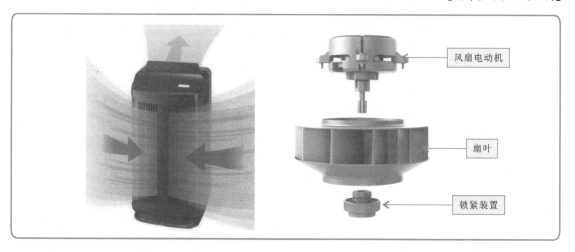

要使室内的所有空气都得到净化，就必须调整风向使空气形成循环气流。

【室内空气的循环方式】

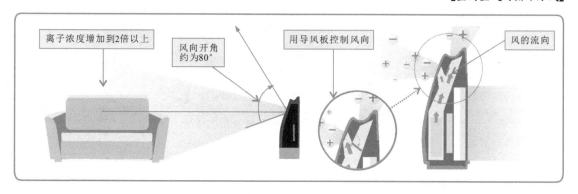

3.空气净化器的加湿机构

　　很多厂商为了提高除菌能力，在室内净化器中增加了加湿机构，利用离子水进行防霉抗菌。加湿机构是由贮水槽、水轮和离子发生器等构成的。加湿滤尘网安装在水轮中，离子发生器对水进行电离，当水轮转动时，滤尘网被水浸湿，空气透过带离子水的滤尘网进一步受到防霉抗菌处理，同时湿度增加。

【夏普FX100型空气净化器的加湿机构】

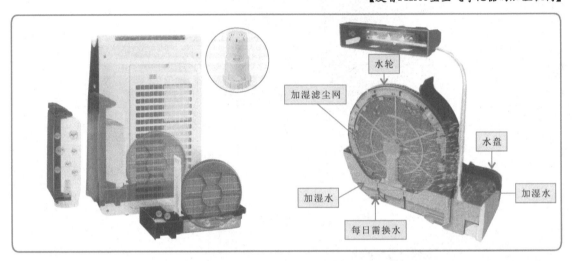

　　具有双重加湿网空气净化器采用加湿除尘机构。该方式也对加湿水进行离子化处理，为了抑制水垢而采用银离子抗菌剂，加湿、滤尘网也受离子照射，滤尘网的材料具有防霉、抗菌功能。

【双重加湿除尘机构】

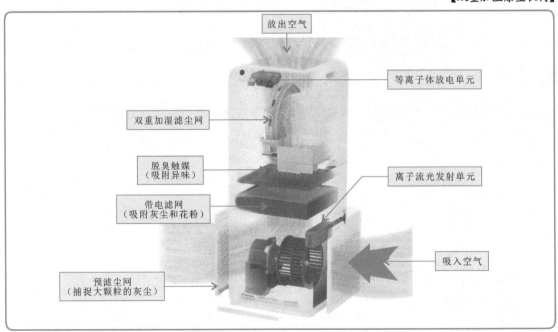

空气净化器加湿水的循环过程：水槽里的水经过给水泵由管道送到加湿滤尘网的上部，靠自重缓缓地浸入加湿网，经加湿网渗出的水再回到储水槽中，其中一部分蒸发到空气中，对室内空气有加湿效果。水经过多次循环后也会受到污染，所以要经常换水或补水。加湿机构被制成一个独立的单元可插入净化器中。

【加湿水的循环过程】

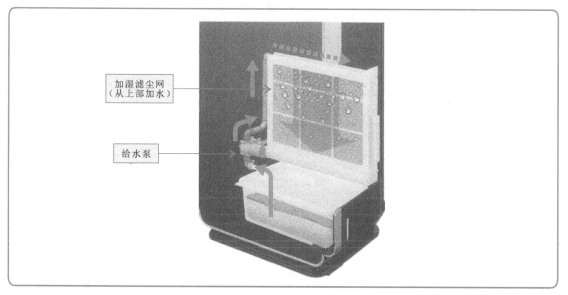

加湿滤尘网
（从上部加水）

给水泵

 4. 空气净化器的传感器件

空气净化器的传感器件主要包括灰尘检测传感器、臭味传感器、湿度和温度传感器等。

灰尘检测传感器可检测空气中灰尘的含量，PM2.5检测传感器是检测微颗粒灰尘的传感器。它将检测值变成电信号作为空气净化器的参考信息，经控制电路对净化器的各种装置进行控制，如对风量和风速的控制及电离装置的控制。

【灰尘检测传感器的电路单元】

臭味传感器电路板主要对异味、生鲜残留食物产生的臭味及宠物产生的臭味进行检测，然后为控制电路提供传感电信号，控制离子发生装置和脱臭滤网触媒使之增强除臭效果。

　　湿度和温度检测传感器通过对室内湿度和温度的检测对加湿机构进行控制，从而增强或降低加湿效果，调节空气质量。

12.2 空气净化器的工作原理

12.2.1 空气净化器的除尘净化原理

　　目前，空气净化器主要采用过滤网实现除尘效果。其过滤网通常采用具有捕捉和分解能力的"光触媒材料"。例如，在磷酸盐中加入钛元素并制成纤维状，在光或紫外线照射的条件下可以将霉菌、污物等有害物质分解，起到消除有害物质和抑制异味的作用。

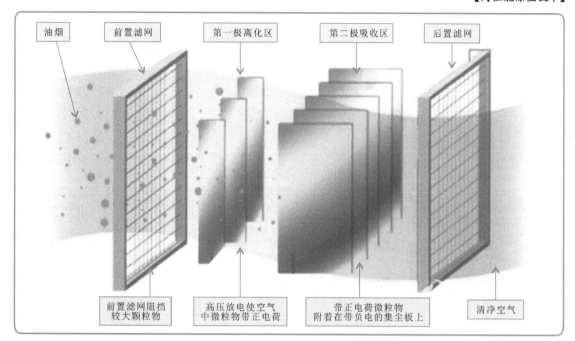

空气净化器的滤尘装置都是由多层不同功能的过滤网构成的。空气在风机的作用下形成循环气流，有污物的空气经1预过滤网，过滤掉较大的灰尘（大于240μm的粒子）→2 HEPA过滤网净烟除尘→3由活性炭和无机吸附材料构成，对小于240μm的粒子进行拦截处理→4冷触媒清除氨气、苯等物质→5无纺布→6、7蜂窝状滤网＋活性炭，降解甲醛、苯→8、9铝基光触媒+紫外线杀菌、消毒→10、11臭氧+负离子多级处理后，排出得到净化的空气。

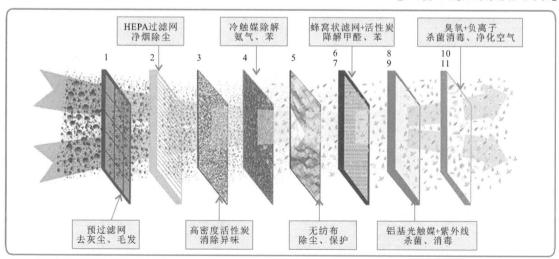

空气净化器在除尘滤尘方面应用了很多新技术，如光触媒、高效滤尘、电子集尘和HIMOP过滤等。

1. 光触媒

光触媒是一种具有光催化功能的半导体材料。典型材料是将纳米级二氧化钛涂布在基材表面并制成纤维状材料，在紫外线的照射下能产生很强的催化降解能力，可有效降解吸附在材料上的有害物质，杀灭多种细菌，将霉菌或真菌释放的毒素分解及无害化处理，使空气得到净化。光触媒常用于多层过滤网的结构中，与其他滤网组合完成除尘、滤尘工作。

【含有光触媒的多层过滤网结构】

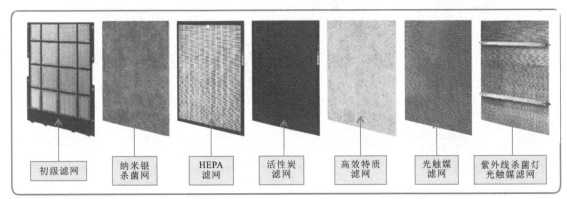

初级滤网　　纳米银杀菌网　　HEPA滤网　　活性炭滤网　　高效特质滤网　　光触媒滤网　　紫外线杀菌灯光触媒滤网

2. 高效滤尘（HEPA）

高效滤尘（High Efficioncy Particolate Air，HEPA）即高效空气微粒子过滤，广泛应用在空气净化器中，如夏普空气净化器、松下空气净化器、日立空气净化器。特别是对直径为0.3μm左右的灰尘粒子，除尘效果很好（达99.97%以上）。这种滤尘网是由无规则排布的化学纤维或玻璃纤维如聚丙烯（丙纶）或聚酯纤维无纺布制成直径为0.5~2.0μm的纤维，并形成絮状结构做成的。

【HEPA的滤尘方式及过程】

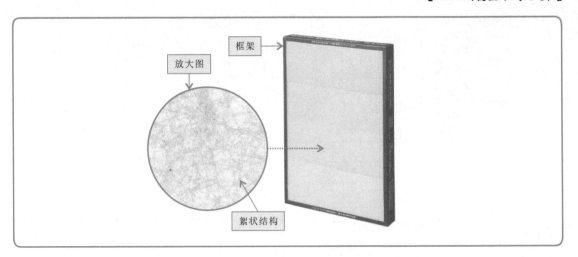

放大图　　框架　　絮状结构

设置在空气入口处的装置为电离化装置（称为等离子化装置），它通过导线放射高速电子，使通过的灰尘粒子电离，形成带正电荷的灰尘离子，再进入集尘装置。该装置在高压电路的作用下形成静电场，将带正电的灰尘粒子吸引并进行分解，流出去的空气就变成了洁净的空气。由于电极之间的空隙比较大，并不妨碍空气的流通。

【电气集尘装置的结构】

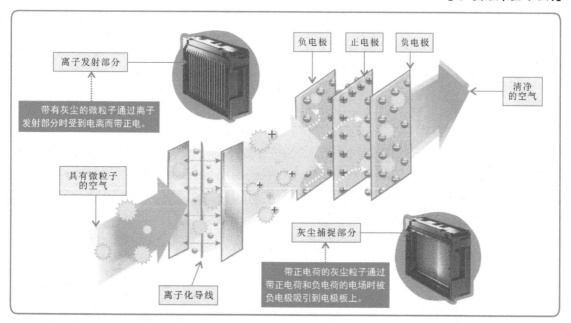

在气流进入净化器的部位设有等离子释放装置，使灰尘、霉菌、污物等离子带正电，被吸附到静电滤尘网上，与此同时，灰尘受到离子流光的照射，所携带的有害物质被分解消除。

【电气集尘除尘方式的工作原理】

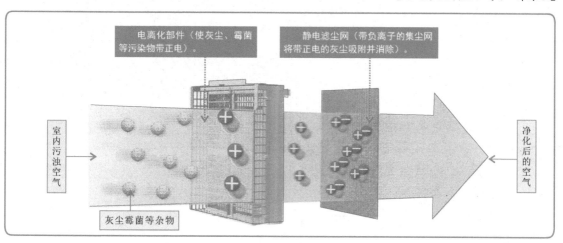

吸附滤尘网上的污物及异味通过离子放电分解，消除霉菌和异味后能自我恢复除尘、除臭功能。

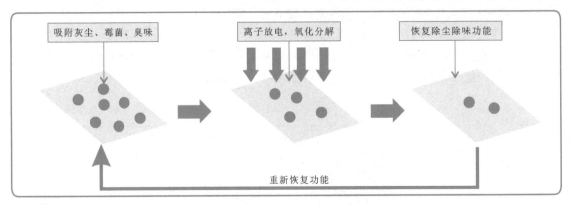

4.除甲醛及多层过滤（HIMOP）

　　空气净化器，多采用HIMOP过滤网去除甲醛、苯系污物等。HIMOP过滤网由80多种稀有材料经过复杂的程序烧制而成，每个颗粒的表面均布满蜂窝状的磁极孔径，有强大的捕捉和吸附能力，能迅速、彻底地分解室内的化学污染物。典型HIMOP在空气净化器中多与其他过滤网一起构成一个多层过滤系统完成空气的过滤工作。

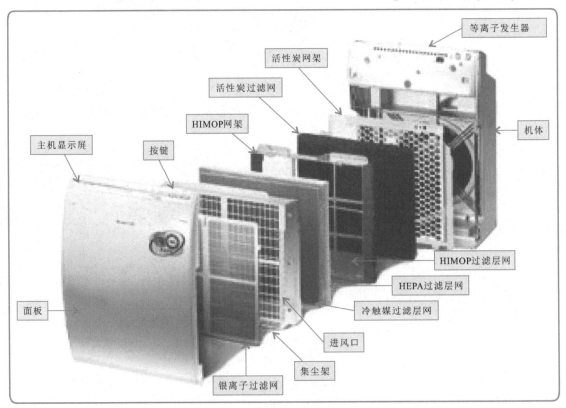

空气净化器多采用负氧离子发生器（也称为维他氧发生器）实现增氧杀菌的效果。负氧离子是一种带负电荷的空气微粒，对人体健康有益。

【负氧离子发生器】

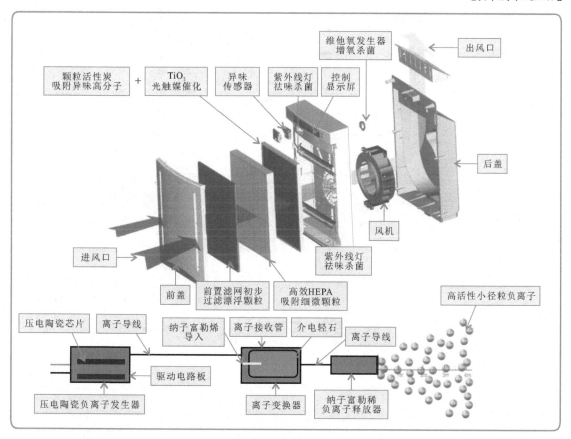

12.2.2 空气净化器的电路原理

空气净化器的电路是由电源电路和系统控制电路两部分构成的。

【空气净化器的电路结构】

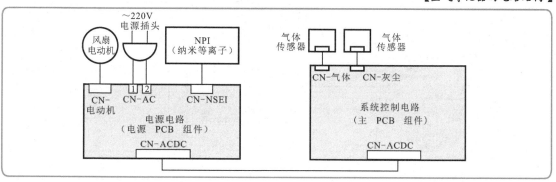

空气净化器的电路部分以系统控制电路为总控制核心。

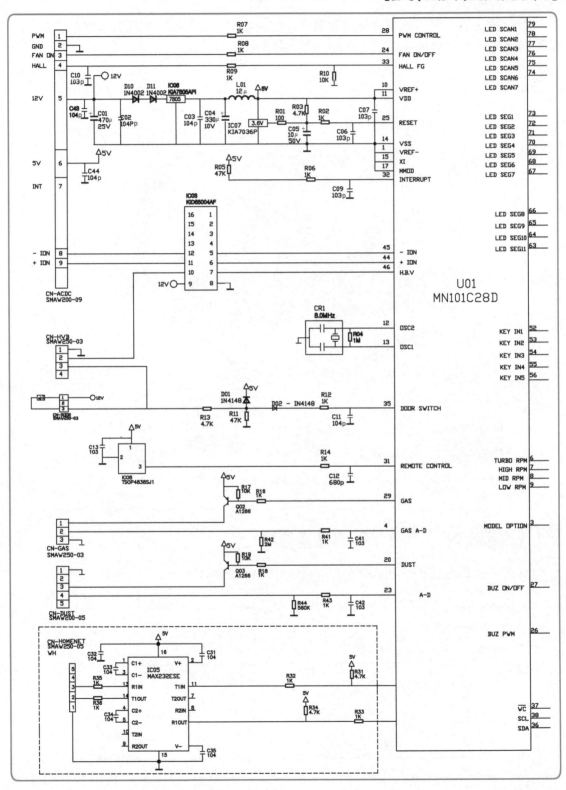

空气净化器系统控制电路与显示电路连接，输出显示控制信号。

【空气净化器的系统控制电路原理】（续）

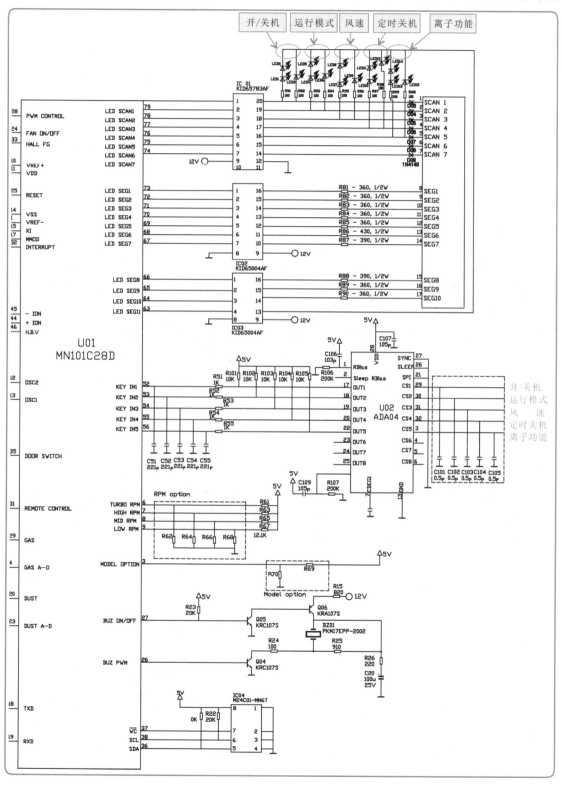

根据电路可以了解到，微处理器U01为控制核心，显示及操作电路、存储器等都与微处理器相连，由微处理器完成对数据信息的运算和处理，并将控制信号传送到相应的电路或功能部件。

U01的11脚为+5V电源供电端，14脚为接地端。来自电源板的+12V电压送到连接插件CN-ACDC的5脚，经C01、C02滤波和D10、D11整流后送到三端稳压器IC06（7805）的输入端。IC06输出的+5V稳压经C03、C04、L01滤波后为微处理器U01的11脚供电，同时+5V电压送到复位信号产生电路IC07（KIA7036P）的输入端。IC07产生的复位信号送到U01的25脚，为微处理器提供复位信号。

晶体CR1与U01的12脚和13脚相连，与U01的内部振荡电路一起构成时钟振荡电路，为微处理器提供8.0MHz的时钟信号。

U01的35脚外接门开关信号。

U01的31脚外接遥控接收电路，可接收红外遥控信号。

U01的29脚外接Q02晶体管基极，+5V经Q02输出直流电压，由接口CN-GAS为气味传感器提供电压，气味传感器的输出信号送到U01的4脚。

U01的20脚外接Q03，+5V经Q03为灰尘传感器CN-DUST供电，灰尘传感器的输出信号送到U01的23脚。

U01的18脚为发送信号端，19脚为接收信号端，经接口电路IC05与外部的主机相连。

U01的24脚输出风扇电动机开机／关机信号，控制电动机。

U01的28脚输出电动机的PWM控制信号。

U01的33脚接收来自风扇电动机的速度信号（霍尔信号）。

U01的37脚为片选信号输出端，与数据存储器IC04相连对存储器芯片进行控制。

U01的38脚与36脚分别为串行时钟和串行数据信号端，用于读写存储器的数据。

U01的27脚控制蜂鸣器BZ01开机和关机，当需要起动蜂鸣器时，该脚输出高电平，加到Q05晶体管（NPN）的基极，Q05导通，于是Q06晶体管（PNP）也导通，为蜂鸣器BZ01提供工作电压。U01的26脚输出蜂鸣器PWM控制信号，加到蜂鸣器下端的控制晶体管Q04的基极，Q04的集电极输出放大的PWM脉冲，使蜂鸣器发声。

U01的52~56脚为人工指令信号输入端，外接人工指令输入电路U02（ADA04），U02外接人工指令触摸按键。5个人工按键分别为开／关机、运行模式、风速、定时关机和离子功能（选负离子功能或杀菌功能）。U02将人工按键的指令信号变成数字信号，由U02的17～20脚、22脚输出送到U01的52～56脚。

U01的63～79脚外接显示驱动电路。显示驱动电路由IC01～IC03三个接口电路组成，分别放大由微处理器输出的显示驱动信号。显示屏由10个显示单元（SEG1～SEG10）组成，每一个单元有7段（SCAN1～SCAN7）。同时，LED SCAN1～SCAN5还控制5组发光二极管指示灯，每一组LED指示灯与5个触摸键相对应以显示工作状态。

12.3 空气净化器的维护与检修

 12.3.1 空气净化器的维护

空气净化器的日常保养与维护，主要是根据空气净化器的运行状态和工作时间对空气净化器中的过滤或加湿部件进行检查、清洁或更换操作。

1. 滤尘网的检查

空气净化器在运行过程中，若滤网自检灯（在显示屏上）发亮，则需要对滤网进行检查、清洗或更换。

【滤网自检指示器】

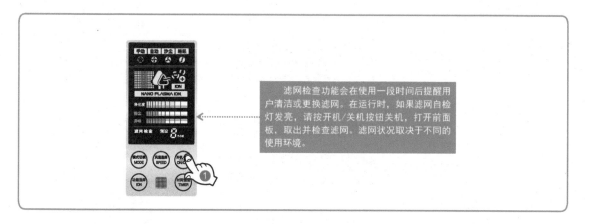

滤网检查功能会在使用一段时间后提醒用户清洁或更换滤网。在运行时，如果滤网自检灯发亮，请按开机/关机按钮关机，打开前面板，取出并检查滤网。滤网状况取决于不同的使用环境。

【滤网的拆卸方法】

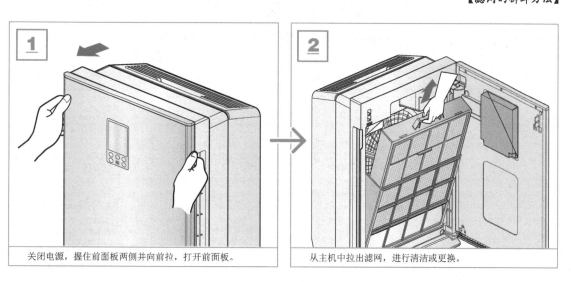

1 关闭电源，握住前面板两侧并向前拉，打开前面板。

2 从主机中拉出滤网，进行清洁或更换。

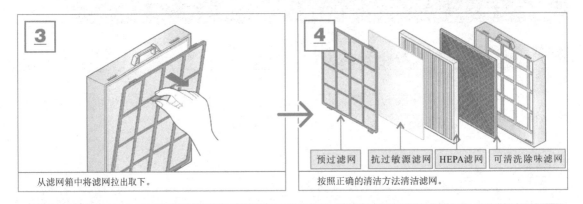

从滤网箱中将滤网拉出取下。

按照正确的清洁方法清洁滤网。

预过滤网　抗过敏源滤网　HEPA滤网　可清洗除味滤网

特别提醒

　　滤网清洁注意事项：出于安全考虑，清洁前应断开电源，用水清洁后，需在阴凉处将其完全晾干，否则可能导致故障。如果因堵塞严重而无法清洗，则应更换滤网。如果清洗后不晾干滤网，则可能会导致产生臭味。请勿用手摩擦滤网。

清洁和更换滤网需要按照一定的操作规范进行。

【滤网的清洁和更换方法】

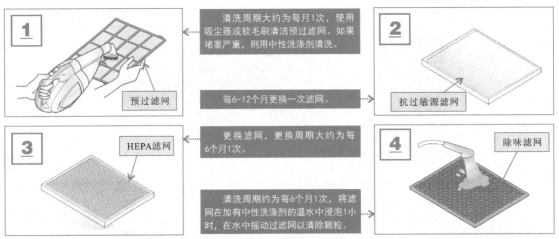

清洗周期大约为每月1次，使用吸尘器或软毛刷清洁预过滤网。如果堵塞严重，则用中性洗涤剂清洗。

预过滤网

抗过敏源滤网

每6-12个月更换一次滤网。

HEPA滤网

更换滤网，更换周期大约为每6个月1次。

除味滤网

清洗周期约为每6个月1次，将滤网在加有中性洗涤剂的温水中浸泡1小时，在水中摇动过滤网以清除颗粒。

特别提醒

典型空气净化器中滤网系统的清洗和更换周期见下表。

滤网名称		功能	清洗/更换周期
前置滤网	消除大颗粒	具有杀菌、防霉和大颗粒过滤功能，可延长滤网的更换周期	清洗周期大约每月1次（按每天运行8h计算）
	具有（抗菌功能和防霉功能）		
抗过敏源滤网		吸收并分解过敏成分	更换周期为6～12个月
HEPA滤网（高效过滤网）		HEPA滤网是一种高效过滤网，可通过空气，但会阻值烟雾、灰尘以及细菌等细小的微粒，过滤精度高	更换周期约为每6个月一次
可清洗除味滤网		可吸收烟灰（烟味）、变质食品的气味、动物体味、NO_2、厕所气味、碱／酸味、VOC（挥发性有机物）	清洗周期约为每6个月一次

滤网在使用一段时间或因故障损坏后，需要进行更换。

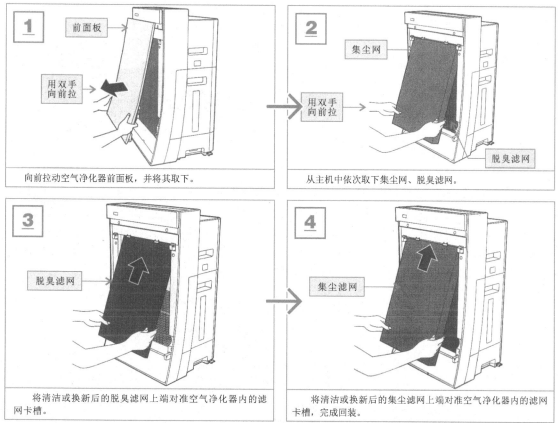

向前拉动空气净化器前面板，并将其取下。

从主机中依次取下集尘网、脱臭滤网。

将清洁或换新后的脱臭滤网上端对准空气净化器内的滤网卡槽。

将清洁或换新后的集尘滤网上端对准空气净化器内的滤网卡槽，完成回装。

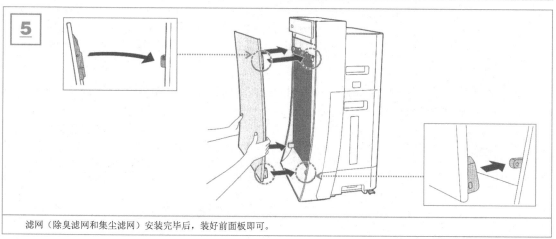

滤网（除臭滤网和集尘滤网）安装完毕后，装好前面板即可。

 2.灰尘传感器功能失常的检查

如果灰尘传感器处于报警状态，应对其进行检查和清洁。灰尘传感器位于空气净化器左侧下部，打开盖板即可看到。使用干棉签清洁镜头，注意操作时应断开电源。如果灰尘覆盖镜头，则传感器会失去检测功能。

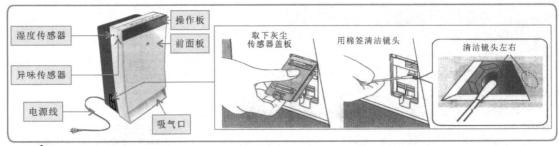

湿度传感器　异味传感器　电源线　操作板　前面板　吸气口

取下灰尘传感器盖板　用棉签清洁镜头　清洁镜头左右

3.空气净化器加水的方法

具有加湿功能的空气净化器在内部设储水罐和加湿机构，需要定期补水，如果使用时间长，还应对储水罐进行清洁。在空气净化器的侧面有一个锁扣，抠住锁扣向侧面拉动，即可将储水罐取下。拧开盖，加入清水并使水位达到水满标记后再恢复原状。

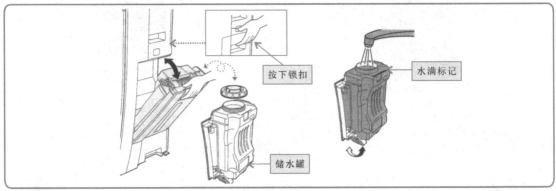

按下锁扣　水满标记　储水罐

4.离子除菌单元加除菌剂的方法

离子除菌单元是一个小盒子，位于加水机构的托盘中，应先将储水罐取下，然后拉出托盘，取下离子除菌单元，将防菌剂注入。

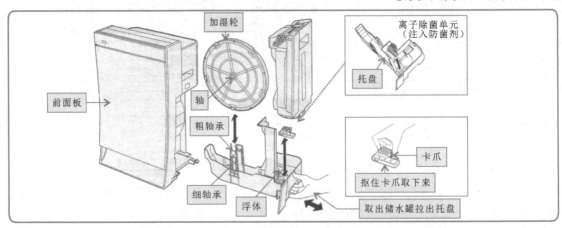

加湿轮　离子除菌单元（注入防菌剂）　托盘　前面板　轴　粗轴承　卡爪　抠住卡爪取下来　细轴承　浮体　取出储水罐拉出托盘

空气净化器的检修主要是针对故障现象检查相应的功能部件，并对损坏的功能部件进行拆卸代换，从而确保空气净化器正常工作。

■ **1. 加湿滤网的清洁和更换方法**

加湿滤网也需要经常清洁和更换，按每天工作8h计算，1个月对其检查和清洁一次比较合适。检查和清洁时，需要先将加湿滤网取下。

【空气净化器的系统控制电路】

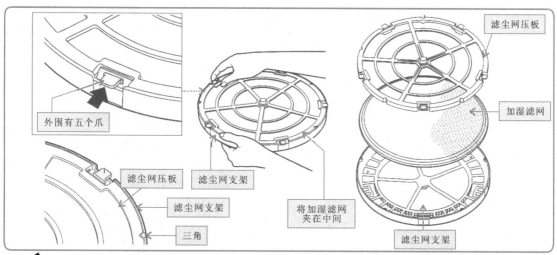

■ **2. 百叶窗的拆卸和更换方法**

百叶窗是控制风向的机构，可调节气流的方向和位置。如果污物过多，应予以清洁。

【百叶窗的拆卸和更换方法】

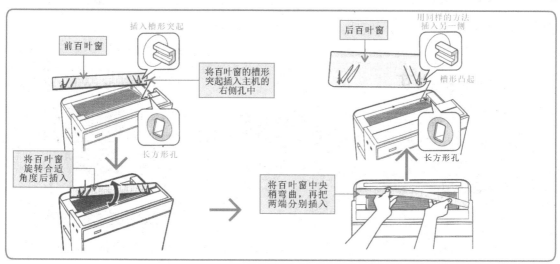

3.风扇和电动机的拆卸方法

如果空气净化器在运行过程中出现不转或转速不均匀，运转噪声增大等情况，应检查电动机或风扇。

【风扇和电动机的拆卸方法】

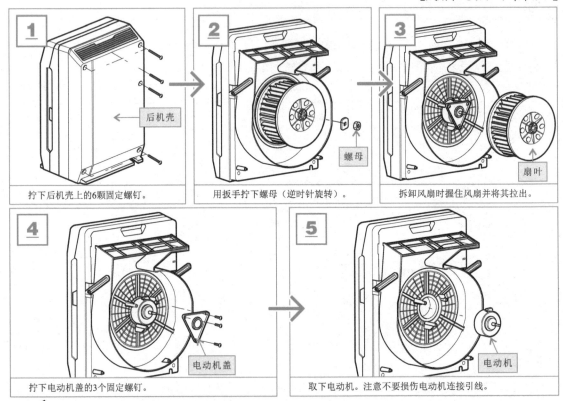

| 拧下后机壳上的6颗固定螺钉。 | 用扳手拧下螺母（逆时针旋转）。 | 拆卸风扇时握住风扇并将其拉出。 |

| 拧下电动机盖的3个固定螺钉。 | 取下电动机。注意不要损伤电动机连接引线。 |

 4.显示屏和触摸键电路板的检查和更换方法

开机进入工作状态，显示屏显示失常或操作触摸键功能失常，应对其进行拆卸检查。若电路板损坏，则需使用同型号的良好电路板更换。

【显示屏和触摸键电路板的拆卸检查】

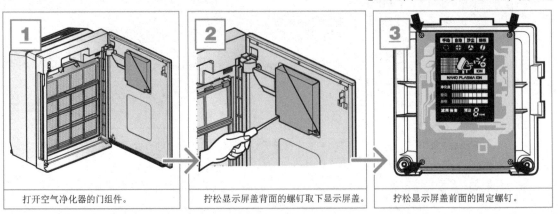

| 打开空气净化器的门组件。 | 拧松显示屏盖背面的螺钉取下显示屏盖。 | 拧松显示屏盖前面的固定螺钉。 |

如果操作触摸键失灵，则应更换。更换钢化玻璃和触摸键后，按照与拆卸相反的顺序安装回位。

【触摸键的检查和更换方法】

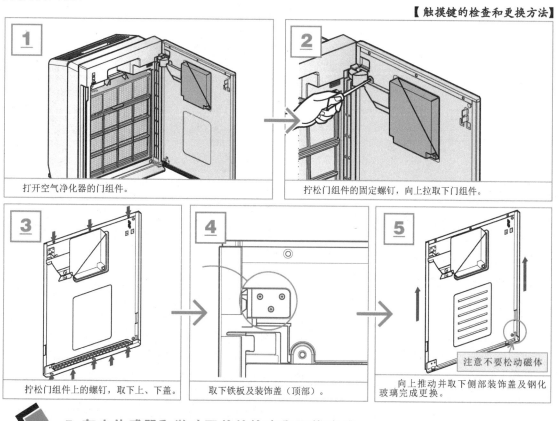

1 打开空气净化器的门组件。

2 拧松门组件的固定螺钉，向上拉取下门组件。

3 拧松门组件上的螺钉，取下上、下盖。

4 取下铁板及装饰盖（顶部）。

5 向上推动并取下侧部装饰盖及钢化玻璃完成更换。
注意不要松动磁体

5. 灰尘传感器和微动开关的检查和更换方法

如果灰尘传感器显示失常，微动开关动作失常，应对其进行检查和更换。

【灰尘传感器和微动开关检查和更换方法】

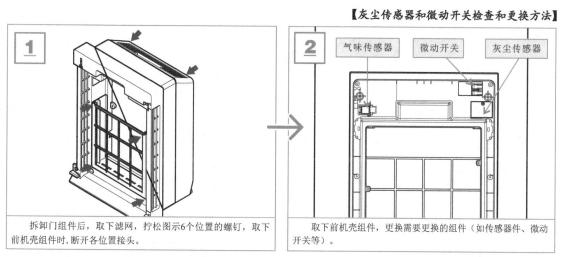

1 拆卸门组件后，取下滤网，拧松图示6个位置的螺钉，取下前机壳组件时，断开各位置接头。

2 气味传感器　微动开关　灰尘传感器
取下前机壳组件，更换需要更换的组件（如传感器件、微动开关等）。